奥穂高岳
3,190m

槍ヶ岳
3,180m

大天井岳
2,922m

鹿島槍ヶ岳
2,890m

見返しの鳥瞰図：ＤＡＮ杉本氏作「カシミール３Ｄ」を使用して作成

| 極楽平 約2,820m | 宝剣岳 2,931m | 乗越浄土 | 中岳 2,925m | 駒ヶ岳 2,956m |

千畳敷駅

前岳 2,921m

駒ヶ根市上空より見える駒ヶ岳の山々

中央アルプス
駒ヶ岳の高山植物

ALPINE PLANTS IN KOMAGATAKE

林 芳人
駒ヶ根博物館学芸員

ほおずき書籍

はじめに

■駒ヶ岳とは
　中央アルプスの駒ヶ岳は、狭い意味では、地図に書かれた最高峰であるが、広い意味では宝剣岳から将棊頭山(しょうぎがしらやま)あたりまでを含めた山塊(さんかい)をいう。伊那地方では、昔からこの山塊のことを西駒ヶ岳、そして地図上の駒ヶ岳は本岳と呼んでいる。ここでは駒ヶ岳とは上記の山塊を指し、最高峰を本岳と呼ぶ。

■本書出版の目的
　近頃植物に関心を持つ人が増え、植物図鑑を片手に歩く人が多くなってきた。しかし駒ヶ岳では適当な図鑑がなくて、植物の名前を調べるのに苦労しており、地元の人々からよい図鑑を作って欲しいとの要望が多い。私は長年駒ヶ根市立博物館の学芸員として駒ヶ岳の植物分布調査を続けている。そのかたわら多くの人々に高山植物観察の指導をしてきて、図鑑で植物を調べるのに、どのような困難があるのか理解できる。この経験をもとに一般の人に使いやすい駒ヶ岳の植物図鑑を作ることを思いたった。

ミヤマシオガマ

■本書の特徴
○駒ヶ岳の高山帯(森林限界以上の地)に限った植物を掲載。
○分布図(道から見える地点)を載せて、生育地を明確にした。
○掲載の順序は、植物学の分類に従わず、形態、花の色で区分した。

■本書の使い方
○最初に木か草かを見定める。茎が硬くて冬でも枯れないものが木で、大きさには関係がない。草と見間違えるような小さな樹木もある。
○木の場合は小さい順に紹介し、草もほぼ小さいものから掲載。
○掲載写真一覧でおおよその見当をつけて、本文を開いて植物を調べる。花期は年により少しずれることがある。なおヒメウスユキソウ、ゴゼンタチバナなど本当の花期ではなく花として見られる期間としたものがある。
　註　専門用語の萼・苞は「ガク」「ホウ」と記載した。

もくじ

はじめに……………………………2
目　次………………………………3
道路区分図…………………………4
地　図………………………………5
掲載植物一覧表……………………6
掲載植物写真一覧…………………8
樹　木………………………………12
白花草………………………………26
黄花草………………………………42
赤花草………………………………51
青・紫花草…………………………56
茶・緑花草…………………………61
花びらのない草……………………66
　（イグサ科・カヤツリグサ科・イネ科）
シダ植物……………………………67
見つけにくい植物…………………68
主な植物の花期一覧表……………70
コースタイム………………………72
分布図………………………………73
追　補………………………………91
索　引

道路区分図

ここの道路名は正式な呼び名ではなく、この本だけに通用する便宜的な呼び名である。

国土地理院発行「木曽駒ヶ岳」より転載（1：22,300）

■掲載植物一覧表　数字は掲載頁（花びらのない植物以外は除く）

分類	植物名	頁	分類	植物名	頁
極小木	イワウメ / イワヒゲ	12	白花草	タカネツメクサ / イワツメクサ	30
極小木	コメバツガザクラ / コケモモ	13	白花草	ウメバチソウ / ミヤマタネツケバナ	31
極小木	ヒメクロマメノキ / ウラシマツツジ	14	白花草	ヤマハタザオ / ミヤマハタザオ	32
極小木	チョウノスケソウ / チングルマ	15	白花草	ヒメイワショウブ / マイヅルソウ	33
極小木	ミネズオウ / ツガザクラ	16	白花草	チシマアマナ / ハクサンイチゲ	34
極小木	アオノツガザクラ / ガンコウラン	17	白花草	ムカゴトラノオ / イブキトラノオ	35
低木	シラタマノキ / ミヤマホツツジ	18	白花草	ミヤマウイキョウ / ハクサンボウフウ	36
低木	キバナシャクナゲ / ハクサンシャクナゲ	19	白花草	ミヤマゼンコ / ミヤマセンキュウ	37
低木	ミヤマヤナギ / オオバスノキ	20	白花草	カラマツソウ / モミジカラマツ	38
低木	クロウスゴ / オオヒョウタンボク	21	白花草	ヤマブキショウマ / オンタデ	39
中高木	タカネナナカマド / ウラジロナナカマド	22	白花草	ヤマハハコ / サンカヨウ	40
中高木	タカネザクラ / ミヤマハンノキ	23	白花草	オオバタケシマラン / コバイケイソウ	41
中高木	ダケカンバ / ハイマツ	24	黄花草	トウヤクリンドウ / タカネニガナ	42
中高木	シラビソ / オオシラビソ	25	黄花草	キバナノコマノツメ / クモマスミレ	43
白花草	コケコゴメグサ / ヒメウスユキソウ	26	黄花草	イワベンケイ / シナノオトギリ	44
白花草	ハハコヨモギ / コガネイチゴ	27	黄花草	タテヤマキンバイ / ヤマガラシ	45
白花草	ミツバオウレン / ゴゼンタチバナ	28	黄花草	ミヤマダイコンソウ / ミヤマキンバイ	46
白花草	ヒメイチゲ / ツマトリソウ	29	黄花草	ミヤマキンポウゲ / シナノキンバイ	47

	植物名	頁		植物名	頁
黄花草	ミヤマコウゾリナ ミヤマアキノキリンソウ	48	花びらのない草	ミヤマイ タカネスズメノヒエ クモマスズメノヒエ ショウジョウスゲ ミヤマクロスゲ ミヤマアシボソスゲ ミヤマアワガエリ イワノガリヤス	66
	ウサギギク カイタカラコウ	49			
	エゾシオガマ ニッコウキスゲ	50			
赤花草	コイワガミ コマクサ	51			
	ヒメアカバナ アシボソアカバナ	52	シダ植物	タカネスギカズラ タカネヒカゲノカズラ コスギラン ミヤマメシダ オオバショリマ カラクサイノデ	67
	ミヤマアカバナ ハクサンフウロ	53			
	ヨツバシオガマ ミヤマシオガマ	54			
青・紫花草	ショウジョウバカマ クルマユリ	55	見つけにくい植物	タカネイワヤナギ ハナヒリノキ クロツリバナ コマガタケスグリ コミヤマカタバミ ミヤマダイモンジソウ	68
	オヤマノエンドウ チシマギキョウ	56			
	ミヤマリンドウ オヤマリンドウ	57			
	ヒメクワガタ クロトウヒレン	58		ミネウスユキソウ ハクセンナズナ シシウド コシジバイケイソウ ミヤマアケボノソウ ハクサンチドリ	69
	タカネグンナイフウロ サクライウズ	59			
	ミソガワソウ キソアザミ	60			
茶・緑花草	クロクモソウ ネバリノギラン	61			
	エンレイソウ クロユリ	62			
	ヒメタケシマラン アラシグサ	63			
	タカネスイバ タカネヨモギ	64			
	ヒロハユキザサ バイケイソウ	65			

■掲載植物写真一覧

イワウメ 12P	イワヒゲ 12P	コメバツガザクラ 13P	コケモモ 13P
ヒメクロマメノキ 14P	ウラシマツツジ 14P	チョウノスケソウ 15P	チングルマ 15P
ミネズオウ 16P	ツガザクラ 16P	アオノツガザクラ 17P	ガンコウラン 17P
シラタマノキ 18P	ミヤマホツツジ 18P	キバナシャクナゲ 19P	ハクサンシャクナゲ 19P
ミヤマヤナギ 20P	オオバスノキ 20P	クロウスゴ 21P	オオヒョウタンボク 21P
タカネナナカマド 22P	ウラジロナナカマド 22P	タカネザクラ 23P	ミヤマハンノキ 23P
ダケカンバ 24P	ハイマツ 24P	シラビソ 25P	オオシラビソ 25P

コケコゴメグサ 26P	ヒメウスユキソウ 26P	ハハコヨモギ 27P	コガネイチゴ 27P
ミツバオウレン 28P	ゴゼンタチバナ 28P	ヒメイチゲ 29P	ツマトリソウ 29P
タカネツメクサ 30P	イワツメクサ 30P	ウメバチソウ 31P	ミヤマタネツケバナ 31P
ヤマハタザオ 32P	ミヤマハタザオ 32P	ヒメイワショウブ 33P	マイヅルソウ 33P
チシマアマナ 34P	ハクサンイチゲ 34P	ムカゴトラノオ 35P	イブキトラノオ 35P
ミヤマウイキョウ 36P	ハクサンボウフウ 36P	ミヤマゼンコ 37P	ミヤマセンキュウ 37P
カラマツソウ 38P	モミジカラマツ 38P	ヤマブキショウマ 39P	オンダデ 39P

ヤマハハコ　40P	サンカヨウ　40P	オオバタケシマラン　41P	コバイケイソウ　41P
トウヤクリンドウ　42P	タカネニガナ　42P	キバナノコマノツメ　43P	クモマスミレ　43P
イワベンケイ　44P	シナノオトギリ　44P	タテヤマキンバイ　45P	ヤマガラシ　45P
ミヤマダイコンソウ　46P	ミヤマキンバイ　46P	ミヤマキンポウゲ　47P	シナノキンバイ　47P
ミヤマコウゾリナ　48P	ミヤマアキノキリンソウ　48P	ウサギギク　49P	カイタカラコウ　49P
エゾシオガマ　50P	ニッコウキスゲ　50P	コイワカガミ　51P	コマクサ　51P
ヒメアカバナ　52P	アシボソアカバナ　52P	ミヤマアカバナ　53P	ハクサンフウロ　53P

ヨツバシオガマ 54P	ミヤマシオガマ 54P	ショウジョウバカマ 55P	クルマユリ 55P
オヤマノエンドウ 56P	チシマギキョウ 56P	ミヤマリンドウ 57P	オヤマリンドウ 57P
ヒメクワガタ 58P	クロトウヒレン 58P	タカネグンナイフウロ 59P	サクライウズ 59P
ミソガワソウ 60P	キソアザミ 60P	クロクモソウ 61P	ネバリノギラン 61P
エンレイソウ 62P	クロユリ 62P	ヒメタケシマラン 63P	アラシグサ 63P
タカネスイバ 64P	タカネヨモギ 64P	ヒロハユキザサ 65P	バイケイソウ 65P

11

イワウメ　イワウメ科
分布図P73

花　　期	6月下旬〜7月下旬
分　　布	やや少ない。尾根付近の岩場・砂れき地。
高　　さ	1〜3cm
観察適地	極楽平尾根・中岳北

　常緑のごく小さなかん木。茎はよく分枝してマット状に広がる。葉は長さ6〜10mmのだ円形。花は上向きに咲き、先は5中裂する。秋に紅葉する。

イワヒゲ　ツツジ科
分布図P73

花　　期	6月下旬〜7月下旬
分　　布	少ない。主に尾根付近の岩場、稀に砂地。陽地にも岩陰にも生える。
高　　さ	1〜3cm
観察適地	八丁坂上部・中岳

　常緑のごく小さなかん木。茎は分枝して地に接して下向きに伸びる。葉は卵形で茎に接するので、紐のように見える。花は白色、鐘形で縁は浅く5裂する。花の長さは8mmくらい。

コメバツガザクラ
ツツジ科　分布図P 73

花　　期	7月上旬〜7月下旬
分　　布	尾根付近の岩場や砂れき地。
高　　さ	5〜10cm
観察適地	中岳南・極楽平尾根・前岳

　常緑の小さなかん木。茎は地下を横にはって広がり、枝は立ち上がる。葉はだ円形で長さ5〜10mm。花は白色で枝先につき、つぼ形で先はつぼまり、長さ4〜5mm。
似た植物…コケモモ（花は鐘形で先はつぼまらない）

コケモモ　ツツジ科

花　　期	7月上旬〜8月下旬
分　　布	多い。ほぼ全域。岩場・砂れき地・草地・ハイマツ等の下。
高　　さ	5〜15cm

　葉は厚く上面は光沢があり少し外側へ曲がり、長さ10〜15mm。花は枝先につき、紅色を帯びた白色、鐘形で先は浅く4裂する。果実は赤く熟す。

樹　木

ヒメクロマメノキ（コバノクロマメノキ）
ツツジ科

花　　　期	6月中旬〜7月上旬
分　　　布	尾根付近の砂れき地・岩場。
高　　　さ	2〜5cm
観察適地	前岳・本岳・極楽平尾根

　落葉樹でマット状に横に広がり大株になる。枝は丸く無毛。葉はだ円形、下面は帯白色。花は紅色を帯びたつぼ形で先は浅く5裂する。果実は球形で径5〜7㎜、黒紫色に熟す。

ウラシマツツジ　　バラ科　分布図P73

花　　　期	6月中旬〜7月上旬
分　　　布	尾根付近の砂れき地・岩場。
高　　　さ	2〜5cm
観察適地	前岳・本岳・極楽平尾根

　草状の落葉樹。茎は細くて分枝して地中を長くはって繁殖する。葉は長さ3〜5cmで光沢があり葉脈がくぼむ。葉が伸びる前に長さ5㎜くらいの淡黄色のつぼ形の花が咲く。秋に真っ赤に紅葉する。果実は熟すと黒くなる。漢字は「裏縞ツツジ」。

チョウノスケソウ　バラ科

花　　期…7月上旬〜7月下旬
分　　布…少ない。極楽平尾根の砂
　　　　　れき地
高　　さ…2〜6cm
観察適地…極楽平尾根

　ごく小さな草状の落葉樹。枝は地をはってよく分枝してマット状に広がる。葉はだ円形で長さ1〜2.5cm、裏面は綿毛を密生して白色。花弁は通常8枚。種子には長い毛がつく。名は人名に由来する。

チングルマ　バラ科

花　　期…7月上旬〜8月中旬
分　　布…ほぼ全域のやや湿気の多
　　　　　い砂れき地、岩場。
高　　さ…5〜20cm
観察適地…遊歩道・極楽平登り・本岳

　落葉小低木。葉は長さ6〜10cm。縁には不ぞろいのギザギザがある。花は径2〜3cm。雄しべは多数で黄色。種子には長い毛がある。紅葉する。稚児車から転じた名前という。

樹木

ミネズオウ　ツツジ科

花　　期…7月上旬〜
　　　　　7月下旬
分　　布…やや少ない。尾
　　　　　根付近の岩場・
　　　　　砂れき地。
高　　さ…5〜15cm
観察適地…前岳・本岳・極
　　　　　楽平尾根

　常緑の小さなかん木。幹は横にはって地面を覆う。花は径4〜5㎜、白色でわずかに紅色を帯びる。鐘形だが先が5裂するので星形に見える。「峰スオウ」の意味。スオウはイチイのことで葉が似るから。

ツガザクラ　ツツジ科
分布図P74

花　　期…6月下旬〜
　　　　　8月上旬
分　　布…やや少ない。主
　　　　　に尾根付近の岩
　　　　　場、希に砂れき地。
高　　さ…5〜12cm
観察適地…八丁坂上部・極
　　　　　楽平尾根

　常緑の小さなかん木。葉は線形で長さ5〜8㎜。2cmほどの柄の先に1個の花をつける。淡紅色の鐘形で、長さ約6㎜。花の先は浅く5裂する。葉がツガ（栂）に似て花が桜色なので名づけられた。

16　樹　木

アオノツガザクラ　ツツジ科
分布図P74

花　　期	…7月上旬～8月中旬
分　　布	…多い。ほぼ全域に分布し、砂れき地・草地に生える。
高　　さ	…7～20cm
観察適地	…遊歩道

　常緑の小さなかん木。枝はよく分かれ小さな毛がある。枝の頂から数本の柄を伸ばし、淡黄緑色のつぼ形の花を下向きにつける。花がわずかに緑色を帯びるので「青の栂桜」と呼ばれる。

ガンコウラン　ガンコウラン科

花　　期	…6月中旬～7月中旬
分　　布	…多い。尾根付近の砂れき地・ハイマツ帯の周辺。
高　　さ	…10～30cm
観察適地	…前岳・本岳・極楽平

　常緑の小かん木。茎は枝分かれして茂る。雪が解けると間もなく枝先に小さな暗紅色の花をつける。雌雄異株で雌株は径5mmほどの球形の実をつけ、熟すと黒色になる。葉はアオノツガザクラに似るが、この方が葉は細かい。

樹木

シラタマノキ　ツツジ科
分布図P74

花　　期…7月下旬～
　　　　　8月中旬
分　　布…やや少ない。陽
　　　　　地の砂れき地や
　　　　　かん木の下。
高　　さ…10～30cm
観察適地…東遊歩道・極楽
　　　　　平尾根

　葉は光沢があり長さ1～3cm。花は枝先につき、つぼ形。果実は径6mmくらい。9月中旬には熟して白色になり美しい。「白玉の木」の意味。

ミヤマホツツジ　ツツジ科
分布図P74

花　　期…7月下旬～
　　　　　8月下旬
分　　布…やや少ない。湿
　　　　　り気のやや多い
　　　　　腐植土壌。
高　　さ…20～50cm
観察適地…西遊歩道・八丁
　　　　　坂・極楽平登り

　落葉小低木。葉は長さ2～5cm、卵形。花は白色で、つぼみのときは先端は紅色を帯びる。花弁は深く3裂し、裂片は反り返る。9月に紅葉する。

樹　木

キバナシャクナゲ　ツツジ科
分布図P75

花　　期…6月下旬～
　　　　　7月中旬
分　　布…尾根付近ほぼ全域。
高　　さ…20～50cm
観察適地…前岳・本岳・極楽平尾根

　常緑の低木。葉は輪生状に枝先に多数つき、長さは3～6cm。上面は脈がくぼんで小じわができる。花は径2.5～3cm、普通は淡黄色だが、白色、ごく淡い桃色のものもある。

ハクサンシャクナゲ　ツツジ科
分布図P75

花　　期…7月中旬～8月上旬
分　　布…ハイマツやダケカンバの
　　　　　間・岩場。
高　　さ…高山帯では0.5～1m
観察適地…ホテル東・前岳・極楽平

　常緑の低木。葉は長だ円形で長さ6～15cm。表面は深緑色、裏面は淡緑色。花は白、微黄色、淡緑色など変化が多い。花弁の外側に淡赤褐色のしまがつくものが多く、内側には淡緑色の斑点がある。

樹木

ミヤマヤナギ　ヤナギ科

分布図P75

花　　期	7月下旬～8月中旬
分　　布	少ない。池の周辺。
高　　さ	1～3m
観察適地	駒飼ノ池・濃ヶ池

　亜高山帯から高山の湿った所に生える雌雄異株の低木。高山帯ではあまり高くならない。葉は互生し、長さ3～7cmのだ円形。雄花穂は径1cmくらい、雌花はやや細い。

オオバスノキ　ツツジ科

花　　期	7月中旬～8月上旬
分　　布	ハイマツの周辺など。
高　　さ	30～100cm
観察適地	極楽平登り・東遊歩道

　亜高山帯から高山帯に生える低木。葉は長さ4～9cm。若葉は赤味を帯びるものがある。花は6mmほどの鐘形。果実は赤色で後に黒くなる。

樹　木

クロウスゴ　ツツジ科
分布図P75

花　　期	…7月上旬～7月下旬
分　　布	…やや多い。高山帯中部・下部。
高　　さ	…30～100cm
観察適地	…東遊歩道・極楽平登り

　落葉低木でブルーベリーの１種。小枝は無毛、黄褐色で角がある。花は葉のわきにつき下垂し、淡黄緑色～淡紅色。果実は球形で径８mmくらい。９月には熟して青黒くなる。果実の先がくぼみ、臼のようなので「黒臼子」と呼ぶ。

オオヒョウタンボク
スイカズラ科　分布図P76

花　　期	…7月下旬～8月中旬
分　　布	…やや少ない。高山帯下部。
高　　さ	…1～2m
観察適地	…遊歩道・極楽平登り

　落葉低木。葉は長だ円形で長さ５～12cm。花は長さ15mmくらいで２個並んでつく。果実は有毒。９月上旬に真っ赤に熟す。２個がくっついてヒョウタンのようで、低地のヒョウタンボクより葉が大きいのでオオヒョウタンボクと名づけた。

樹　木

タカネナナカマド　バラ科
分布図P76

花　　　期…7月中旬〜8月上旬
分　　　布…尾根付近を除いてほぼ全域。
高　　　さ…1m以下
観察適地…千畳敷・本岳

　落葉低木。小葉は1つの軸に9〜11枚つき、濃緑色で光沢があり鋭いギザギザが葉全体についている。花は横向きにつき、平開しない。花弁はやや赤色を帯びた白色。果実は9月上旬には赤くなる。

ウラジロナナカマド　バラ科

花　　　期…7月上旬〜8月上旬
分　　　布…やや多い。尾根付近を除いてほぼ全域。
高　　　さ…2m以下
観察適地…千畳敷

　落葉樹。小葉は1つの軸に9〜13枚つく。表面は鮮緑色。葉の縁は中部以上の所だけギザギザがある。花は平開し梅形、白色で上向きに多数つく。実は9月上旬には赤くなる。
　2種のナナカマドの違いはアンダーラインの部分。

樹木

タカネザクラ （ミネザクラ）
バラ科　分布図P76

花　　期…6月下旬～7月中旬
分　　布…少ない。高山帯下部から亜高山帯。
高　　さ…高山帯では1.5m以下

　幹は高山帯では直立せず、基部から分枝する。葉は長さ4～8cmで小形。雪解け後間もなく赤褐色の葉が開くと同時に淡紅色の花が下向きに咲く。花はソメイヨシノよりやや小さい。果実は熟せば黒くなる。

ミヤマハンノキ　カバノキ科

花　　期…6月下旬～7月中旬
分　　布…多い。高山帯中部以下のほぼ全域。
高　　さ…2m以下。亜高山帯では10m
観察適地…西遊歩道

　落葉樹。枝は灰褐色。葉は卵形で縁にはギザギザがある。雄花穂は枝先につき、黄褐色で長さ6cm。雌花穂は下方の側芽に3～5個つく。

ダケカンバ　カバノキ科

花　　期…6月下旬〜
　　　　　　7月中旬
分　　布…多い。高山帯中
　　　　　部以下。
高　　さ…高山帯中部では
　　　　　　3m以下
観察適地…千畳敷

　1,400m以上の山地に生える大木。樹皮は灰褐色または淡褐色を帯び、紙状に薄くはがれる。葉は三角状卵形で、側脈は7〜12対（シラカバは6〜8対）。花は新葉が開くと同時に咲く。雄花穂は枝の先端部に下垂してつく。長さ5〜7cm。雌花穂は短い枝の先に直立してつく。

ハイマツ　マツ科

花　　期…7月中旬〜
　　　　　　8月上旬
分　　布…多い。ほぼ全域。
高　　さ…1〜2m

　ほぼ高山帯だけに生える針葉樹。よく枝分かれし、長さ15mにも伸び、地に接したところから根を出して繁殖する。雄花は暗紫紅色で本年枝の中部下部に密につく。雌花は淡紫紅色で本年枝の先に1〜2個つく。松かさは翌年秋に成熟する。

樹　木

シラビソ （シラベ） マツ科
分布図 P 76

> 分　　布…高山帯では少ないが亜高山帯には多い。
> 高　　さ…高山帯では2m以下
> 観察適地…ホテルより剣ヶ池に下る道

　亜高山帯では高さ30mにもなる大木。樹皮は灰青色または灰白色。若枝は灰白色または灰褐色の短毛が生える。葉は1～2cmで線形、長さはやや不ぞろい、裏面は白く、枝にらせん状につく。

オオシラビソ （アオモリトドマツ）
マツ科

> 分　　布…高山帯では少ない。亜高山帯には多い。
> 高　　さ…高山帯では1.5m以下
> 観察適地…ホテルより剣ヶ池に下る道

　亜高山帯では25mくらいになる。樹皮は黒っぽい灰色。若枝は赤褐色の短毛を密生する。葉は長さ2～3.5cm。密にらせん状につき、枝の下面の葉はねじれる。葉の長さはおよそ揃う。

樹　木

コケコゴメグサ　ゴマノハグサ科
分布図P77

花　　　期…7月下旬〜8月中旬
分　　　布…少ない。主に尾根の砂れ
　　　　　　き地。
高　　　さ…2〜3cm
観察適地…極楽平・本岳

　昭和53年に新種として発表された。中央アルプス特産で、環境省より絶滅危ぐ種に指定されている。ごく小さな1年草で、半寄生植物といわれる。葉と茎に毛が生える。花は4〜5mmで米粒より少し大きい。小さいのでよく探さないと見つからない。

▲実物大

ヒメウスユキソウ（コマウスユキソウ）キク科

花　　　期…7月上旬〜8月下旬
分　　　布…少ない、尾根付近の岩
　　　　　　場・砂れき地。
高　　　さ…3〜6cm
観察適地…極楽平尾根・本岳

　中央アルプス特産で環境省より絶滅危ぐ種に指定されている。葉の上面は薄く白毛が生え、下面は厚く綿毛が生える。星形の白い花のように見えるのはホウ葉で、中心の半球状のところが花。咲き始めは黄色で後褐色になる。エーデルワイスの仲間のうちで最も小さい。

白花草

ハハコヨモギ　キク科
分布図　P77

花期…7月上旬～8月上旬
分布…少ない。極楽平尾根。
高さ…7～15cm
観察適地…極楽平

　茎は絹毛が密生して、上方は分枝する。葉は手のひら状に深く裂け、毛が生えるので白く見える。花は茎の先に多数つき、汚白色。駒ヶ岳と北岳の一部のみに生える稀少種。環境省より絶滅危ぐ種に指定されている。

コガネイチゴ　バラ科

花　　期…7月中旬～8月上旬
分　　布…少ない。ハイマツなどかん木の下。
高　　さ…3～5cm
観察適地…東遊歩道・千畳敷南道・極楽平登り

　茎は細長く伸び、葉は3枚に分裂し、左右の葉はさらに2分するので5枚に見える。花弁はもともと5枚だが、1枚は退化して4枚のものが多い。果実は熟すと赤くなる。ハイマツの下をよく探さないと見つからない。

白花草

ミツバオウレン　キンポウゲ科
分布図 P 77

花　　　期…7月上旬〜8月中旬
分　　　布…草地、かん木の下など。尾根付近を除いて広範囲に生える。
高　　　さ…5〜10cm
観察適地…遊歩道の草地・千畳敷南道のかん木の下

　葉は常緑で、根元から出た長い柄があり、その先に3枚つく。卵形で光沢があり長さ1〜2cm。花は長い茎の先に1個つく。直径7〜10mm。花びらは花弁ではなくガク片。漢字は「三つ葉黄連」。

ゴゼンタチバナ　ミズキ科
分布図 P 77

花　　　期…7月下旬〜8月下旬
分　　　布…やや少ない。かん木の下。
高　　　さ…5〜10cm
観察適地…東遊歩道・千畳敷南道

　常緑の草。葉は4枚または6枚輪生状につき、長さ3〜6cm。葉が6枚のものは花をつける。4枚の花びらはホウ葉で、花はその中心に10〜20個つく。亜高山帯を主な生育地とする植物。実は9月に赤くなる。

白花草

ヒメイチゲ　キンポウゲ科
分布図 P 78

花　　期…６月下旬～７月中旬
分　　布…少ない。千畳敷・濃ヶ池
　　　　　等のかん木の下。
高　　さ…５～10cm
観察適地…東遊歩道の木陰

　茎は直立し、上方に３枚の葉をつけ、葉は深く３つに裂ける。花は径10～15mm。花弁のように見えるのはガク片で、花弁はない。「姫一華」の意味。低山にも生える所がある。

ツマトリソウ　サクラソウ科
分布図 P 78

花　　期…７月下旬～８月下旬
分　　布…少ない。草地やかん木の下。
高　　さ…７～10cm
観察適地…千畳敷南道

　茎は直立し、頂部に数枚の葉をつけるが、大小の差がある。花は径15～20mmで、花弁の基部は筒状で、先は深く７裂するので花弁が７枚のように見える。雄しべは７本。９月には紅葉する。

白花草

タカネツメクサ　ナデシコ科
分布図P 78

花　　　期	7月中旬〜8月中旬
分　　　布	少ない。尾根の砂れき地。
高　　　さ	3〜7㎝
観察適地	極楽平尾根・前岳・中岳・本岳

　茎は多く分枝するので大きな株になる。葉は密生し針状で長さ8〜15㎜。花は茎の先に単生する。花弁は長だ円形で先は丸く、半透明のすじが3本ある。花弁の形には幅、長さ等変異がある。

イワツメクサ　ナデシコ科
分布図P 78

花　　　期	7月上旬〜9月下旬
分　　　布	多い。砂れき地全域。
高　　　さ	5〜15㎝

　茎はよく分枝しマット状に広がる。葉は線形で先は細くなり、長さ15〜30㎜。花は白色で直径15㎜くらい。花弁は5枚だが、中央が深く裂けるので10枚に見える。花期は大変長い。

白花草

ウメバチソウ

ユキノシタ科　分布図P79

花　　期…8月上旬～9月中旬
分　　布…やや少ない。湿り気の多い草地。
高　　さ…6～12cm
観察適地…遊歩道

　葉はハート形で根元から出るが、花茎にも1枚つく。花は径2cmくらい。雄しべと雌しべの間に仮雄しべがあり、手のひら状に深く裂けるが、12～20裂するものをウメバチソウ、7～11裂するものをコウメバチソウとされている。千畳敷のものは11～15裂する。

ミヤマタネツケバナ

アブラナ科

花　　期…7月上旬～8月中旬
分　　布…やや多い。ほぼ全域の砂れき地や岩場。
高さ…5～10cm

　茎は多数分枝して、羽状に裂けた葉をたくさんつける。花は数個つき、花弁はへら形で4枚つく。花が終わると長さ25mmくらいの長いサヤをつける。田の雑草のタネツケバナは「種浸け花」で、この花が咲くとイネの種子を水に浸けて種まきをすることによる。

白花草

ヤマハタザオ　アブラナ科
分布図P 79

花　　期…7月中旬～8月上旬
分　　布…稀。八丁坂だけ。
高　　さ…10～15cm
観察適地…八丁坂の草地

　越年草で茎は細くて直立する。葉は少数の荒いギザギザがある。花は白色、花弁は4枚で長さ5～8mm。低山～亜高山帯に生える草で、高山帯に生えるのは珍しい。

ミヤマハタザオ　アブラナ科

花　　期…7月中旬～8月中旬
分　　布…稀。木曽小屋周辺。
高　　さ…10～30cm
観察適地…木曽小屋

　茎は細く下部に軟毛がある。葉はへら形で長さ2～5cm。茎葉は上部になれば線状になってギザギザがなくなる。花は白色で淡紅色を帯びるものもある。主に亜高山帯に生える植物で、繁殖力が強いので群生する。1カ所しか生えていないので、種子が人により運ばれて生えた疑いがある。

白花草

ヒメイワショウブ　ユリ科
分布図 P 79

花　　期…7月上旬〜
　　　　　8月中旬
分　　布…やや少ない。湿
　　　　　り気の多い草地。
高　　さ…5〜10cm
観察適地…遊歩道・千畳敷南
　　　　　道・極楽平登り

　常緑の小さな草。葉は平らで細長く、長さは3〜6cmで中央部がやや幅広い。花は極めて短い柄があり、まばらに5〜10個つき上を向く。花びらは6枚、へら形で白色。雄しべは黄色。

マイヅルソウ　ユリ科

花　　期…7月上旬〜
　　　　　7月下旬
分　　布…少ない。高山帯
　　　　　中部以下の主に
　　　　　木陰。
高　　さ…5〜10cm
観察適地…東遊歩道・千畳
　　　　　敷南道

　根茎を延ばして生えるので群生する場合が多い。葉は2〜3枚、心臓形で葉脈がへこむ。花は小さく、花びらは4枚であることはユリ科としては例外である。果実は球形で、熟すと亜高山帯では赤くなるが、千畳敷では赤くならない。

白花草

チシマアマナ　ユリ科
分布図P79

花　　期…7月上旬～7月中旬
分　　布…少ない。尾根付近の岩場・砂れき地。
高　　さ…10～15cm
観察適地…八丁坂上部

　根ぎわから出る葉は通常2枚で線形。花茎に2～3枚の小さな葉がまばらにつく。花は径1.5cmくらいで、花びらは白色で背面に褐色または緑色の数本のすじがある。

ハクサンイチゲ　キンポウゲ科

花　　期…6月下旬～8月中旬
分　　布…多い。ほぼ全域。
高　　さ…15～40cm
観察適地…八丁坂・極楽平登り

　葉は長い柄があり、手のひら状に深く裂ける。花茎の先は数本に分かれて、各々に1個ずつ花をつける。花は径2cm。白いのはガク片で花弁は退化してない。黒い実がつく。漢字は「白山一華」。

白花草

ムカゴトラノオ　タデ科
分布図P 80

花　　　期…7月中旬～9月上旬
分　　　布…多い。ほぼ全域の草地・
　　　　　　岩場。
高　　　さ…10～30cm
観察適地…遊歩道

　根元から出る葉は長だ円形で長さ5～10cm。茎の先に穂状に白い小花をたくさんつける。花が終わっても結実することはなく、下部の花はムカゴ（子供）になり、落ちると苗になって繁殖する。

イブキトラノオ　タデ科
分布図P 80

花　　　期…7月下旬～9月上旬
分　　　布…少ない。濃ヶ池。千畳敷
　　　　　　には生えない。
高　　　さ…30～60cm
観察適地…濃ヶ池北側

　根元から出る葉は長い柄があり、上部の葉は柄が短かく長三角形で先はとがる。花は円柱形の穂に白色～淡紅色の小花を密につける。ガク片5枚で花弁はない。ムカゴトラノオに似るが、ムカゴができないこと、大きいことで区別できる。

白花草

ミヤマウイキョウ　セリ科
分布図P80

花　　　期…7月下旬〜
　　　　　　8月中旬
分　　　布…少ない。岩場・
　　　　　　砂れき地。
高　　　さ…10〜25cm
観察適地…八丁坂上部・中
　　　　　　岳横道の岩場

　根ぎわから出る葉は数枚、長さ5〜20cm、無毛で細く分裂する。ウイキョウとは中国産の漢方薬で「茴香」のこと。

ハクサンボウフウ　セリ科
分布図P80

花　　　期…7月下旬〜
　　　　　　8月下旬
分　　　布…多い。草地・砂
　　　　　　れき地。
高　　　さ…15〜30cm
観察適地…遊歩道

　茎は直立し、葉は3枚に分裂しさらに粗いギザギザがあり、長さ3〜5cm。花は小さく白色。葉の形には変異が多く、細かく分裂するものもある。漢字は「白山防風」。ミヤマゼンコに比べて草丈が低い。

白花草

ミヤマゼンコ　セリ科
分布図P81

花　　期…7月中旬～
　　　　　8月下旬
分　　布…やや多い。本岳・
　　　　　中岳を除く草地。
高　　さ…30～60cm
観察適地…遊歩道

　葉柄のつけ根にある葉の元は、大きくふくらんで茎をだく特徴がある。葉は三角状で長さ10～15cm。花は径3mmくらい。花弁の先は内側に巻く。ゼンコは中国の薬草の「前葫」のこと。

ミヤマセンキュウ　セリ科
分布図P81

花　　期…8月上旬～
　　　　　9月中旬
分　　布…やや少ない。高
　　　　　山帯下部以下の
　　　　　草地。
高　　さ…40～60cm
観察適地…西遊歩道

　茎は傾斜し、先の方はジグザクに曲がる。葉は三角形で長さ10～20cm。花弁は内側に曲がる。ミヤマゼンコとの違いは、葉の切れ込みが細かいこと、花期が遅いこと。センキュウは中国の薬草のこと。

白花草

カラマツソウ
キンポウゲ科　分布図P81

花　　期…7月中旬～
　　　　　8月中旬
分　　布…やや少ない。草地。
高　　さ…40～90cm
観察適地…西遊歩道

　茎はほぼ直立する。小葉は先が3裂する。分枝した茎に多数の花をつける。ガク片は早く落ち花弁はない。多数の雄しべが輪状に集まって径15mmの花になる。低山にも生える。亜高山帯に生えるミヤマカラマツによく似るが、葉が少し違う。漢字は「深山唐松」。

モミジカラマツ
キンポウゲ科　分布図P81

花　　期…7月中旬～
　　　　　8月下旬
分　　布…やや少ない。高
　　　　　山帯下部の草地。
高　　さ…25～60cm
観察適地…西遊歩道

　茎の上方には短毛が生える。葉は手のひら状に5～10裂し、長さ5～12cm。花は多数つき、白色の糸状のものは雄しべで花弁はない。葉がモミジ状で花がカラマツの葉に似ることでモミジカラマツと呼ぶ。亜高山帯にも生える。

白花草

ヤマブキショウマ　バラ科
分布図P82

| 花　　　期…7月下旬〜8月中旬
| 分　　　布…少ない。高山帯下部。
| 高　　　さ…30〜80cm
| 観察適地…西遊歩道・八丁坂

　雌雄異株の大株になる草。葉は1枝に9枚の小葉をつける。分枝した花茎に黄白色の花を密集してつける。雄花は雌花よりやや大形。漢字は「山吹升麻」で小葉がヤマブキに似て、葉が中国産薬草の「升麻」に似るから。亜高山帯を主な生育地とする植物。

オンタデ　タデ科

| 花　　　期…7月下旬〜8月中旬
| 分　　　布…やや多い。尾根を除くほぼ全域。
| 高　　　さ…20〜80cm
| 観察適地…遊歩道・八丁坂・極楽平登り

　雌雄異株。茎は太く直立し、葉は長さ8〜15cm。上部の葉は次第に小さくなる。花は多数つき、黄緑色を帯びた白色。種子は3翼があって赤く色づく。名は「御岳山のタデ」よりつけられたという。

白花草

ヤマハハコ　キク科　分布図P82

花　　期…7月下旬～9月下旬
分　　布…少ない。ホテル周辺・濃ヶ
　　　　　池横道。
高　　さ…30～70cm
観察適地…ホテル東・剣ヶ池東

　茎は綿毛をつける。葉は長さ6～9cm、幅6～15mmで裏面に綿毛があって深緑色。葉は茎の先に枝分かれして多数の白い花をつける。亜高山帯から高山帯下部まで分布する。低地のカワラハハコに似るが、この方は葉の幅が細い。

サンカヨウ　メギ科　分布図P82

花　　期…7月上旬～7月下旬
分　　布…少ない。西遊歩道・濃ヶ
　　　　　池横道。
高　　さ…30～60cm
観察適地…西遊歩道のかん木の下

　葉は大形で長さは15～25cm。雪が解けて間もなく葉が地上に出て、開ききらないうちに花が咲き出す。茎の先に径2cmくらいの美花をつける。果実は青黒色に熟す。名は「山荷葉」で「荷」の読みはハス。葉がハスに似るから。亜高山帯を主な生育地とする植物。

白花草

オオバタケシマラン　ユリ科
分布図P82

花　　期…7月下旬～8月中旬
分　　布…少ない。高山帯下部の草
　　　　　地や木の下。
高　　さ…50～100cm
観察適地…西遊歩道

　茎は上部で枝分かれする。葉は長さ5～10cm、基部は茎を抱く。花は汚白色で、長い柄がつき、柄は途中で折れ曲がる特徴がある。果実はだ円形で熟すと赤くなる。タケシマランに似るが、これは花は淡赤褐色で、花柄は折れない。実は球形、高山帯には普通は生えない。

コバイケイソウ　ユリ科
分布図P83

花　　期…7月中旬～8月中旬
分　　布…多い。多湿の草地。
高　　さ…50～100cm
観察適地…千畳敷一帯

　大形の草で群生する所が多い。葉はだ円形で多数つく。花は径8mmくらい。数年に一度しか咲かないといわれ、ほとんど花が見られない年と、にぎやかに千畳敷を彩る年とがある。バイケイソウと葉だけでは区別しにくい。バイケイソウは花は緑色。漢字は「小梅恵草」。

白花草

トウヤクリンドウ
リンドウ科

花　　期…8月中旬〜
　　　　　9月中旬
分　　布…多い。ほぼ全域の
　　　　　砂れき地・草地。
高　　さ…8〜15cm
観察適地…遊歩道・前岳・
　　　　　極楽平尾根

　茎は直立し、数枚の葉を根生する。葉は光沢がある。花は淡黄色で青緑色の斑点があり、長さ3.5〜4cm。日光を受けると開き、日がかげると閉じる。漢字は「当薬竜胆」で当薬は胃腸の妙薬のセンブリのこと。この草も苦く胃の薬になるから。

タカネニガナ　キク科
分布図P 83

花　　期…7月下旬〜
　　　　　8月下旬
分　　布…やや稀。岩場、砂れ
　　　　　き地、乾いた草地。
高　　さ…5〜15cm
観察適地…八丁坂上部

　茎は細くて少し分枝する。葉は根元から出て、まばらにトゲ状のギザギザがあり、葉裏は粉白色をしている。花は径2cmくらい。ニガナ（苦菜）の高山性ということで名づけられた。

黄花草

キバナノコマノツメ　スミレ科
分布図 P 83

花　　　期…7月上旬～8月中旬
分　　　布…多い。尾根付近を除く草
　　　　　　地。
高　　　さ…5～15cm
観察適地…遊歩道

　葉はハート形で、先端はとがらず、表面に毛が生えていて光沢がない。花は鮮黄色で下の花弁には暗紫色のすじがある。名は「黄花の駒の爪」で葉形が馬のヒヅメに似るから。

クモマスミレ　スミレ科
分布図 P 83

花　　　期…7月上旬～8月上旬
分　　　布…少ない。尾根付近の岩場
　　　　　　や砂れき地。
高　　　さ…3～10cm
観察適地…八丁坂上部・極楽平

　葉は無毛で光沢があり濃緑色で先端はとがる。花はキバナノコマノツメと同じ。以前はタカネスミレとされてきたが、葉が無毛であること等でタカネスミレの変種としてクモマスミレと呼ぶ。キバナノコマノツメとの違いはアンダーラインの箇所。

黄花草

イワベンケイ　ベンケイソウ科
分布図P84

花　　期…7月上旬〜8月上旬
分　　布…少ない。岩場・砂れき地。
高　　さ…5〜20cm
観察適地…八丁坂上部

　雌雄異株。葉は多肉で厚く、下部は小さく中部が最大になり、粉白色をしている。花弁は細くやや緑色を帯びた黄色で4枚。雄花は径8mmくらい。雌花は花弁が短くて貧弱である。

雌花▲　　雄花▲

シナノオトギリ　オトギリソウ科
分布図P84

花　　期…7月下旬〜9月上旬
分　　布…やや多い。尾根を除く各地の草地。
高　　さ…10〜30cm
観察適地…遊歩道

　茎は多くの場合数本がかたまって生える。葉はだ円形で長さ15〜25mm、少数の明点があり縁には黒点がある。花は直径20〜25mm。花弁は非対称形。日光を受けて開く。「信濃弟切」の意味でオトギリは伝説にもとづく。亜高山帯にも生える。

黄花草

タテヤマキンバイ　バラ科
分布図 P 84

花　　期…7月中旬〜
　　　　　8月上旬
分　　布…稀。多湿の砂れ
　　　　　き地
高　　さ…4〜6cm
観察適地…極楽平登り最上部

　枝は地をはい木質化する。葉は柄の先に3枚ずつつき、先端に3〜5個のギザギザがあり、両面に毛が生えるので白っぽく見える。花は淡黄色の小さな花弁を5枚つける。「立山金梅」の意味。長野県の準絶滅危ぐ種。

ヤマガラシ（ミヤマガラシ）
アブラナ科　分布図 P 84

花　　期…6月中旬〜
　　　　　8月中旬
分　　布…少ない。ホテル
　　　　　周辺・駒飼ノ池・
　　　　　木曽小屋。
高　　さ…20〜40cm
観察適地…ホテル周辺

　茎は直立して上部で分枝することが多い。根ぎわの葉は円形で、上部の葉は長くて深く裂ける。花弁は4枚で長さ7〜8mm。花の後に長いサヤができる。亜高山帯にも生える。食用にする地方がありチュウゼンジナの呼び方がある。

黄花草

ミヤマダイコンソウ
バラ科

花　　期	7月中旬〜8月下旬
分　　布	多い。ほぼ全域の湿り気の多い岩場・砂れき地。
高　　さ	10〜30cm
観察適地	八丁坂・極楽平登り

　全体に荒い毛が生える。葉は長い柄の先につき、円形で切れ込みがあり、直径5〜10cm。花は茎の先に1個〜数個つき、鮮黄色で径2cm。「深山大根草」の意味。低地に生えるダイコンソウ（葉がダイコンに似る）の仲間であるから。

◀実物大▲

ミヤマキンバイ　バラ科

花　　期	6月中旬〜9月中旬
分　　布	多い。全域の砂れき地。
高　　さ	10〜20cm
観察適地	西遊歩道・極楽平登り

　根茎は短く横に分枝するので大株になる。葉はイチゴに似て柄の先に3枚つき、周辺には明りょうなギザギザがある。花は径2cmくらい、花弁は鮮黄色で基部は濃色。花期は長い。「深山金梅」の意味。

黄花草

ミヤマキンポウゲ　キンポウゲ科
分布図P85

花　　期…7月上旬～8月中旬
分　　布…多い。多湿の草地。
高　　さ…20～40cm
観察適地…遊歩道・八丁坂

　葉は3～5裂し、裂片はさらに細かく裂ける。花は直径2.3cmくらいで鮮黄色。シナノキンバイに似るが、茎の上部の葉の裂片が細かいこと、花に光沢があること、花弁の形がそろっていることで区別できる。

実物大▲▼

シナノキンバイ　キンポウゲ科
分布図P85

花　　期…7月上旬～8月中旬
分　　布…多い。多湿の草地。
高　　さ…30～70cm
観察適地…遊歩道・八丁坂

　茎は直立して太い。葉は手のひら状に5裂する。花は径3.5～4.5cm。黄金色で、花びらはガク片が変化したもの。花弁は大変小さく雄しべより短い。そのために花が開く前は緑色を帯びている。花びらの大きさ、形は不ぞろいである。

黄花草

ミヤマコウゾリナ　キク科
分布図P85

花　　　期	7月下旬～9月上旬
分　　　布	少ない。本岳、中岳以外の各地の砂れき地。
高　　　さ	10～20cm
観察適地	東遊歩道・極楽平登り・八丁坂

　茎と葉には茶色の短い毛と長い毛が生えている。葉にはギザギザがない。花は黄色で茎の先に数個つける。花の元の総ホウと呼ぶ部分は黒緑色。9月には種子に毛が生え、タンポポを小形にしたような形で美しい。

ミヤマアキノキリンソウ　キク科

花　　　期	8月上旬～9月下旬
分　　　布	多い。ほぼ全域。
高　　　さ	20～40cm

　コガネギクの別名もあるが、あまり使われない。低地のアキノキリンソウの高山型で、葉はほとんど無柄で全面に少しの毛がある。花は径1.5cmで茎の先にたくさんつく。花びらの数は株によって少し異なる。

黄花草

ウサギギク　キク科
分布図P 85

花　　期	7月下旬～9月上旬
分　　布	やや多い。ほぼ全域の草地・砂れき地。
高　　さ	10～25cm
観察適地	遊歩道・八丁坂・極楽平登り

　茎は単一で葉と共に毛が生える。根元の葉はへら形で、茎の途中には対生する葉をつける。花は黄色で直径3～5cm。葉がウサギの耳に似ているのでウサギギクと呼ぶ。キングルマの別名もあるが今は使われることはない。

カイタカラコウ　キク科
分布図P 86

花　　期	7月下旬～8月下旬
分　　布	少ない。八丁坂。
高　　さ	30～50cm
観察適地	八丁坂中部

　葉は長さ10～17cm、先は短くとがり、縁には不ぞろいなギザギザがある。花びらは5枚で稀に6枚。「甲斐タカラ香」の意味。
似た植物
オタカラコウ　花びらは5～9枚
メタカラコウ　花びらは1～3枚
両方とも駒ヶ岳高山帯にはない。

49
黄花草

エゾシオガマ　ゴマノハグサ科
分布図P86

花　　期…7月下旬～8月下旬
分　　布…少ない。湿った草地。
高　　さ…15～50cm
観察適地…西遊歩道・剣ヶ池東

　茎は角があり多数の葉を互生する。葉は細長い三角形で長さ3～8cm。縁に粗いギザギザがある。花は淡黄色で一方にねじれて一本の茎に多数つく。漢字は「蝦夷塩竈」。

ニッコウキスゲ（ゼンテイカ）　ユリ科
分布図P86

花　　期…7月下旬～8月中旬
分　　布…稀。剣ヶ池東。
高　　さ…50～70cm
観察適地…剣ヶ池東

　葉は左右に2列になって扇状に出る。長さは50～70cm。花は茎の先に短い枝をつけて、下から順に咲いて行く。昼間だけ咲いて1日で終わる。亜高山帯には多いが高山帯には少ない。

黄花草

コイワカガミ　イワウメ科

花　　期	…6月下旬〜8月上旬
分　　布	…多い。全域の草地・岩場・砂れき地。
高　　さ	…5〜10cm

　葉は常緑、円形で光沢があり、縁にはギザギザがある。花は茎の先に2〜4個つき長さ1.5cmくらい。花弁の先は細かく裂ける。花の後に赤味がかった実ができる。秋には葉は赤くなって越冬する。葉に光沢があるので「岩鏡」と呼ぶ。

花が咲いた後の実▲

コマクサ　ケシ科

花　　期	…7月下旬〜9月上旬
分　　布	…自生はない
高　　さ	…5〜15cm
観察適地	…宝剣山荘北・木曽小屋南・極楽平尾根

　明治・大正期に薬草として採り尽くされてほぼ絶滅したといわれる。自生を見たとの確実な情報は昭和30年代までで、その後発見の情報もあるが、場所を明かさないので確認できない。現在のものはすべて営林署や個人が植えたもの。

赤花草

ヒメアカバナ　アカバナ科

花　　期…8月上旬～
　　　　　　8月下旬
分　　布…稀。ホテル及び
　　　　　　剣ヶ池周辺
高　　さ…5～10cm

　茎は円くて、上部に曲がった毛がある。葉は細長く、長さ8～25mm、幅2～5mm。縁にはギザギザがない。花は淡紅色で直径8mmくらい、花弁は4枚。雌しべはこん棒状。他の同属種との区別点は葉が細いこと。

アシボソアカバナ

アカバナ科　　分布図P86

花　　期…7月下旬～
　　　　　　9月上旬
分　　布…稀。湿った草地
　　　　　　や渓流沿い。
高　　さ…3～10cm
観察適地…剣ヶ池付近

　茎は2すじの白色の細屈毛が生える。葉は長さ10～25mmで対生するが、上部の葉は互生することがある。まばらに低いギザギザをつける。花は淡紅色。さやは3～5cm、果実の柄は他の2種より長く2～4cm。長野県より絶滅危ぐ種に指定されている。

赤花草

ミヤマアカバナ
アカバナ科

花　　期	8月中旬〜9月上旬
分　　布	稀。ホテル東の石垣。
高　　さ	5〜20cm

　茎には角があり2筋の曲毛が生える。葉は長さ1〜4cm、幅3〜15mm、低いギザギザがある。花は径8mmくらいで淡紅紫色。アシボソアカバナとの区別点は、果実の柄が短いこと、葉の側脈が少しくぼむことである。

ハクサンフウロ
フウロソウ科　分布図P87

花　　期	7月下旬〜8月中旬
分　　布	少ない。濃ヶ池。（千畳敷にはない）
高　　さ	30〜80cm
観察適地	濃ヶ池北

　葉は手のひら状に5〜7深裂し、裂片はひし形でさらに細かく分裂し先はとがる。花は直径3cmくらい。花弁は紅紫色で濃紅色のすじがある。主に亜高山帯に生える植物。漢字は「白山風露」だが風露の意味は不明という。

赤花草

ヨツバシオガマ

ゴマノハグサ科　分布図P87

花　　期…7月中旬〜
　　　　　8月下旬
分　　布…やや多い。ほぼ
　　　　　全域の草地・砂
　　　　　れき地。
高　　さ…10〜40cm
観察適地…西遊歩道・八丁
　　　　　坂・極楽平登り

　葉は茎の各節に4枚、時には3〜6枚輪生し、下部の葉には葉柄がない。葉は羽状に深く粗く裂ける。花は紅紫色で上の花弁は先端が細長いくちばし状になる。

ミヤマシオガマ

ゴマノハグサ科　分布図P87

花　　期…7月上旬〜
　　　　　8月上旬
分　　布…やや少ない。尾根
　　　　　付近の砂れき地。
高　　さ…5〜15cm
観察適地…八丁坂上部・極
　　　　　楽平尾根

　茎はやや太く、上部に小さな葉を少しつける。中部には葉をつけない。葉は根ぎわより出て多数つけ、羽状に細かく裂ける。花は紅紫色で上の花弁は先端があまり伸びない。漢字は「深山塩竈」。

赤花草

ショウジョウバカマ
ユリ科　分布図P87

花　　期	6月下旬～7月中旬
分　　布	やや多い。湿った草地。
高　　さ	花時は10～15cm
観察適地	西遊歩道・極楽平登り

　葉は冬も枯れないで根ぎわより放射状に多数出る。長さ5～10cmで先はとがる。花は茎の先に数個つき、淡紅紫色で、後には色があせて汚れた黄緑色になり、丈も20～25cmに伸びる。低地にも生える。

クルマユリ　ユリ科
分布図P88

花　　期	7月下旬～8月下旬
分　　布	やや少ない。多湿の草地。
高　　さ	35～70cm
観察適地	西遊歩道・八丁坂

　葉は長さ7～13cmで、茎の中ごろに1～3段に放射状につく。花は1～3個下向きにつき、径5～6cm。橙赤色で内面に褐紫色の斑点がある。葉が車軸状につくことから「車百合」という。

赤花草

オヤマノエンドウ　マメ科
分布図P88

花　　期…7月上旬～8月上旬
分　　布…少ない。本岳周辺。
高　　さ…3～6cm
観察適地…中岳北を下りたところ

　茎は短く地をはってよく分枝する。葉は羽状複葉で、3～7対の小葉からなり、白い毛が生える。花は茎の先に1～2個並んでつき、青紫色で長さ約18mm。9月末に豆のサヤは開いて、風で転がりながら種子をまき散らす。

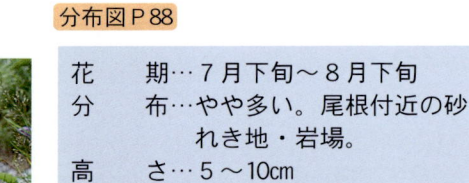

チシマギキョウ　キキョウ科
分布図P88

花　　期…7月下旬～8月下旬
分　　布…やや多い。尾根付近の砂れき地・岩場。
高　　さ…5～10cm
観察適地…八丁坂上部・極楽平尾根

　葉は根ぎわから数枚出て、へら形で縁には低く粗いギザギザがある。花は濃青紫色で横向きにつく。先端は5裂し内面に長い毛が生える。
　似た植物…イワギキョウ
花は上向き、内面無毛。道から見える所には生えていない。

青・紫花草

ミヤマリンドウ
リンドウ科　分布図P88

花　　期…7月下旬～
　　　　　9月中旬
分　　布…やや少ない。多
　　　　　湿の草地。
高　　さ…3～10cm
観察適地…遊歩道

　小形の草で茎は細く下部で枝分かれする。葉は小さく卵形で長さ5～12mm、やや肉質。花は濃青紫色で径15mmくらい。花は日が当たると開き、曇ると閉じる。

オヤマリンドウ
リンドウ科

花　　期…8月上旬～
　　　　　9月中旬
分　　布…少ない。湿った
　　　　　草地。
高　　さ…20～30cm
観察適地…遊歩道

　茎は直立する。葉は対生し、下部のものは小さい。狭卵形で下面は粉白色、長さ3～6cm。花はにごった紫色で先は5裂するが平開しないので目立たない。花の長さは18～30mm。

青・紫花草

ヒメクワガタ　ゴマノハグサ科

花　　期…7月上旬〜8月下旬
分　　布…少ない。所々の草地。
高　　さ…7〜12cm
観察適地…剣ヶ池東・本岳頂上付近・
　　　　　極楽平登り上部

　葉は卵形で縁に小さなギザギザがある。花は茎の先に数個つけ淡紫色。径5〜7mm、花弁は4裂する。果実の先がくぼまないものをシナノヒメクワガタという。くぼまないものと、くぼむものとが混生する所があり、また中間型もある。

クロトウヒレン　キク科
分布図P89

花　　期…8月中旬〜9月中旬
分　　布…やや少ない。多湿の草地。
高　　さ…30〜40cm
観察適地…西遊歩道・八丁坂・極楽
　　　　　平登り

　茎につく葉は細長い心臓形で、長さ5〜10cm。縁に鋭いギザギザがある。花の元の総ホウと呼ぶところは黒紫色で径1cmくらい。花は淡紫色。つぼみも黒紫色。名は「黒唐飛廉」で総ホウが黒いことによる。飛廉は中国名でアザミの一種。

青・紫花草

タカネグンナイフウロ
フウロソウ科　分布図Ｐ89

花　　期…７月下旬～８月下旬
分　　布…少ない。草地。
高　　さ…30～50cm
観察適地…西遊歩道・八丁坂

　茎には毛が生える。葉は手のひら状に５～７深裂し、まばらに欠刻がある。花は濃紅紫色、径2.5～３cm。漢字は「高嶺郡内風露」で郡内は地名、風露は意味不明。９月には紅葉する。

サクライウズ（キタザワブシ）
キンポウゲ科　分布図Ｐ89

花　　期…８月上旬～９月中旬
分　　布…やや少ない。草地。
高　　さ…30～50cm
観察適地…西遊歩道・八丁坂

　トリカブト属で、葉は長さ５～12cmで３～５裂する。花は曲毛が生える。ウズ（烏頭）はトリカブトの根の漢方薬名。サクライは人名。中央アルプスでは高山性のトリカブト属には他にタカネトリカブト（花柄の毛は真っ直ぐ）があるが、高山帯より下に生える。ここのものをキタザワブシとする考えと、キタザワブシの変種としてサクライウズとする考えがある。キタザワブシは絶滅危ぐ種に指定されている。

青・紫花草

ミソガワソウ　シソ科
分布図P89

花　　期	7月下旬〜9月上旬
分　　布	やや少ない。草地。
高　　さ	50〜100cm
観察適地	八丁坂下部

　茎は多数集まって大株になる。茎は四角形で枝分かれしない。葉は長さ6〜14cmで両面に毛が生える。花は淡紫色で長さ25〜30mm、個体により色の濃淡の差がある。名は木曽の味噌川に由来するとの説がある。

キソアザミ　キク科

花　　期	8月中旬〜9月下旬
分　　布	稀。剣ヶ池東。
高　　さ	40〜100cm
観察適地	剣ヶ池東

　根元から出る葉は花時には枯れて無くなる。茎葉は基部は茎を抱き鋭いとげがあり、両面に細毛がある。花の総ホウは広鐘形、薄く細い毛が生える。従来はタテヤマアザミとされていたが、最近新種としてキソアザミの名が与えられた。乗鞍岳、御岳、駒ヶ岳に生える。長野県より絶滅危ぐ種に指定されている。

クロクモソウ
ユキノシタ科　分布図P90

花　　期	7月中旬〜8月下旬
分　　布	少ない。湿った草地・岩礫地・渓流のほとり。
高　　さ	10〜20cm
観察適地	八丁坂・極楽平登り

　根ぎわから出る葉は長い柄があり、心臓形で縁に粗い切れ込みがあり、径2〜6cm。花は径5mmで花弁は5枚、褐色または暗紅紫色。漢字は「黒雲草」。亜高山帯にも生える。

ネバリノギラン　ユリ科
分布図P90

花　　期	8月上旬〜8月下旬
分　　布	やや少ない。湿った砂れき地・草地。
高　　さ	15〜30cm
観察適地	剣ヶ池・西遊歩道・極楽平登り

　根ぎわから出る葉は放射状につき、細長く帯褐黄緑色で、先端は黄褐色になる。花茎は節ごとに小葉をつけ、上部はねばつく。花は緑色を帯びた淡黄褐色で筒状だが正開しない。

茶・緑花草

エンレイソウ　ユリ科
分布図Ｐ90

花　　期…６月下旬〜
　　　　　７月中旬
分　　布…稀。かん木の下。
高　　さ…20〜40cm
観察適地…西遊歩道中頃の
　　　　　ミヤマハンノキ
　　　　　の下

　葉は３枚が茎の先に輪生し、長さ幅ともに10〜17cm。花は３枚の帯紫褐色のガク片からなり、花弁はない。果実は円く、熟すと黒紫色になる。漢字は「延齢草」。亜高山帯を主な生育地とする植物。

クロユリ　ユリ科
分布図Ｐ90

花　　期…７月上旬〜
　　　　　８月上旬
分　　布…多い。多湿な草
　　　　　地。
高　　さ…20〜50cm
観察適地…遊歩道

　葉は３〜５枚を２〜３段輪生する。花は茎の先に１〜２個つき、鐘形で暗紫褐色、内面には濃い斑点がある。花色は濃淡個体差がある。ユリという名がつくがユリ属ではなくバイモの仲間である。

茶・緑花草

ヒメタケシマラン　ユリ科

花　　　期…7月下旬～8月中旬
分　　　布…やや少ない。かん木の下。
高　　　さ…10～30cm
観察適地…西遊歩道・極楽平登り

　茎は普通枝分かれしない。葉は柄がなく茎をだかない。長さ3～6cm、無毛だが、葉の縁にごく小さな柱状突起がまばらにある。花は淡黄緑色で、下半分は紫褐色。果実は赤いが、稀に黒いのもある。

アラシグサ　ユキノシタ科

花　　　期…7月中旬～8月中旬
分　　　布…少ない。多湿の草地。
高　　　さ…20～40cm
観察適地…西遊歩道

　全体に毛が散生する。根ぎわから出る葉は長い柄があり心臓形で径3～9cm、手のひら状に浅く7～11裂する。花は茎の先に穂になって多数つき、花弁は黄緑色なので目立たない。

茶・緑花草

タカネスイバ　タデ科

花　　期…7月下旬～8月中旬
分　　布…やや多い。草地。
高　　さ…30～50cm
観察適地…遊歩道

　低地に生えるスイバの高山型。雌雄異株で茎は直立する。葉はまばらに茎につき、長だ円形で長さは6～12cm。茎の先に黄緑色の小花を多数つける。9月には紅葉する。

タカネヨモギ　キク科

花　　期…8月上旬～9月上旬
分　　布…多い。草地。
高　　さ…30～50cm
観察適地…千畳敷全域

　茎は太くほぼ直立する。葉は軟らかくてコスモスのように細かく裂け、裂片は線形になる。茎の上部に多数の花をつける。花は半球状で径12～15mm、色は目立たない。葉には特有のにおいがある。

ヒロハユキザサ（ミドリユキザサ）
ユリ科

花　　期	7月中旬～8月中旬
分　　布	少ない。多湿の草地・木の下。
高　　さ	50～100cm
観察適地	西遊歩道

　雌雄異株。茎は隆起する2つの角があり、ジグザグに曲がる。葉は上面無毛、下面には荒い毛がある。花は径5～6mm、淡緑色。果は球形で径7mm。熟すと黄赤色になる。

バイケイソウ　ユリ科

花　　期	7月下旬～8月下旬
分　　布	やや多い。草地・木の下。
高　　さ	50～100cm
観察適地	千畳敷一帯

　葉は長だ円形で、長さ15～30cm。花は円錐状につき、径1.5～2cm。亜高山帯にも生える。高山帯に生える丈の低いものをミヤマバイケイソウと呼ぶこともある。花の咲かない株はコバイケイソウと区別し難い。

茶・緑花草

花びらのない草 （イグサ科・カヤツリグサ科・イネ科）

ミヤマイ　イグサ科

タカネスズメノヒエ　イグサ科

クモマスズメノヒエ　イグサ科

ショウジョウスゲ　カヤツリグサ科

ミヤマアシボソスゲ　カヤツリグサ科

ミヤマクロスゲ　カヤツリグサ科

ミヤマアワガエリ　イネ科

イワノガリヤス　イネ科

シダ植物

タカネスギカズラ ヒカゲノカズラ科

タカネヒカゲノカズラ ヒカゲノカズラ科

コスギラン ヒカゲノカズラ科

オオバショリマ ヒメシダ科

ミヤマメシダ イワデンダ科

カラクサイノデ オシダ科

シダ植物

見つけにくい植物

タカネイワヤナギ　ヤナギ科
花期６月下〜７月上　尾根　小低木

ハナヒリノキ　ツツジ科
花期７月中〜下　高山帯下部　低木

クロツリバナ　ニシキギ科
花期７月中〜下　高山帯下部　低木

コマガタケスグリ　ユキノシタ科
花期６月下〜７月中　高山帯下部以下

コミヤマカタバミ　カタバミ科
花期　７月上〜中　かん木の下

ミヤマダイモンジソウ　ユキノシタ科
花期８月上〜下　多湿の岩場

見つけにくい植物

ミネウスユキソウ キク科
花期7月下〜8月下 砂れき地

ハクセンナズナ アブラナ科
花期7月下〜8月中 多湿の草地

シシウド(ミヤマシシウド) セリ科
花期7月下〜8月下 千畳敷下部

コシジバイケイソウ ユリ科
花期7月下〜8月中 千畳敷

ミヤマアケボノソウ リンドウ科
花期8月中〜9月上 渓流沿い

ハクサンチドリ ラン科
花期7月下〜8月中 草地

見つけにくい植物

主な植物の花期一覧表

種別	花期	6月上	6月中	6月下	7月上	7月中	7月下	8月上	8月中	8月下	9月上	9月中	9月下
樹木	イワウメ			●	●	●	●						
樹木	イワヒゲ			●	●	●	●						
樹木	コメバツガザクラ			●	●	●	●						
樹木	コケモモ					●	●	●	●	●			
樹木	ウラシマツツジ		●	●	●								
樹木	チョウノスケソウ				●	●	●						
樹木	チングルマ				●	●	●	●					
樹木	ミネズオウ				●	●	●						
樹木	ツガザクラ					●	●	●					
樹木	アオノツガザクラ					●	●	●	●				
樹木	シラタマノキ						●	●	●	●			
樹木	ミヤマホツツジ						●	●	●	●	●		
樹木	キバナシャクナゲ			●	●	●	●						
樹木	ハクサンシャクナゲ					●	●	●	●				
樹木	オオヒョウタンボク				●	●	●		●				
樹木	タカネナナカマド				●	●	●						
樹木	ウラジロナナカマド				●	●	●						
樹木	タカネザクラ			●	●								
白花草	コケコゴメグサ						●	●	●	●			
白花草	ヒメウスユキソウ						●	●	●	●			
白花草	ハハコヨモギ						●	●	●	●			
白花草	コガネイチゴ				●	●	●						
白花草	ミツバオウレン				●	●	●						
白花草	ゴゼンタチバナ				●	●	●						
白花草	ヒメイチゲ				●	●	●						
白花草	ツマトリソウ				●	●	●						
白花草	タカネツメクサ					●	●	●	●				
白花草	イワツメクサ						●	●	●	●			
白花草	ウメバチソウ							●	●	●	●		
白花草	ミヤマタネツケバナ					●	●	●	●				
白花草	ヒメイワショウブ						●	●	●	●			
白花草	マイヅルソウ				●	●	●						
白花草	チシマアマナ				●	●							
白花草	ハクサンイチゲ				●	●	●						
白花草	ムカゴトラノオ						●	●	●	●			
白花草	ミヤマウイキョウ						●	●	●	●			
白花草	ハクサンボウフウ						●	●	●	●			
白花草	ミヤマゼンコ							●	●	●	●		
白花草	ミヤマセンキュウ							●	●	●	●		
白花草	カラマツソウ					●	●	●	●				
白花草	モミジカラマツ					●	●	●	●				
白花草	ヤマブキショウマ					●	●	●	●				

花期

種別		花期	6月			7月			8月			9月		
			上	中	下	上	中	下	上	中	下	上	中	下
白花草		ヤマハハコ							●	●	●	●	●	●
		サンカヨウ			●	●	●							
		オオバタケシマラン				●	●	●						
		コバイケイソウ				●	●	●						
黄花草		トウヤクリンドウ								●	●	●		
		タカネニガナ					●	●	●	●	●			
		キバナノコマノツメ				●	●	●	●					
		クモスミレ				●	●	●						
		イワベンケイ				●	●	●	●					
		シナノオトギリ					●	●	●	●				
		タテヤマキンバイ				●	●	●	●					
		ヤマガラシ			●	●	●	●						
		ミヤマダイコンソウ				●	●	●	●					
		ミヤマキンバイ			●	●	●	●	●					
		ミヤマキンポウゲ				●	●	●	●	●				
		シナノキンバイ				●	●	●	●	●				
		ミヤマコウゾリナ					●	●	●	●	●			
		ミヤマアキノキリンソウ						●	●	●	●	●		
		ウサギギク					●	●	●	●	●			
		カイタカラコウ						●	●	●	●			
		エゾシオガマ					●	●	●	●	●			
		ニッコウキスゲ				●	●	●	●					
赤花草		コイワカガミ			●	●	●	●						
		コマクサ					●	●	●	●				
		ヒメアカバナ						●	●	●				
		ハクサンフウロ					●	●	●	●				
		ヨツバシオガマ					●	●	●	●				
		ミヤマシオガマ			●	●	●							
		ショウジョウバカマ			●	●	●							
		クルマユリ						●	●	●				
青・紫花草		オヤマノエンドウ				●	●	●						
		チシマギキョウ					●	●	●	●				
		ミヤマリンドウ							●	●	●	●	●	
		オヤマリンドウ							●	●	●	●	●	
		クロトウヒレン							●	●	●			
		タカネグンナイフウロ						●	●	●				
		サクライウズ								●	●	●	●	
		ミソガワソウ							●	●	●	●		
茶・緑花		クロクモソウ						●	●					
		エンレイソウ				●	●	●						
		クロユリ				●	●	●	●					
		ヒロハユキザサ						●	●	●				

花期

コースタイム

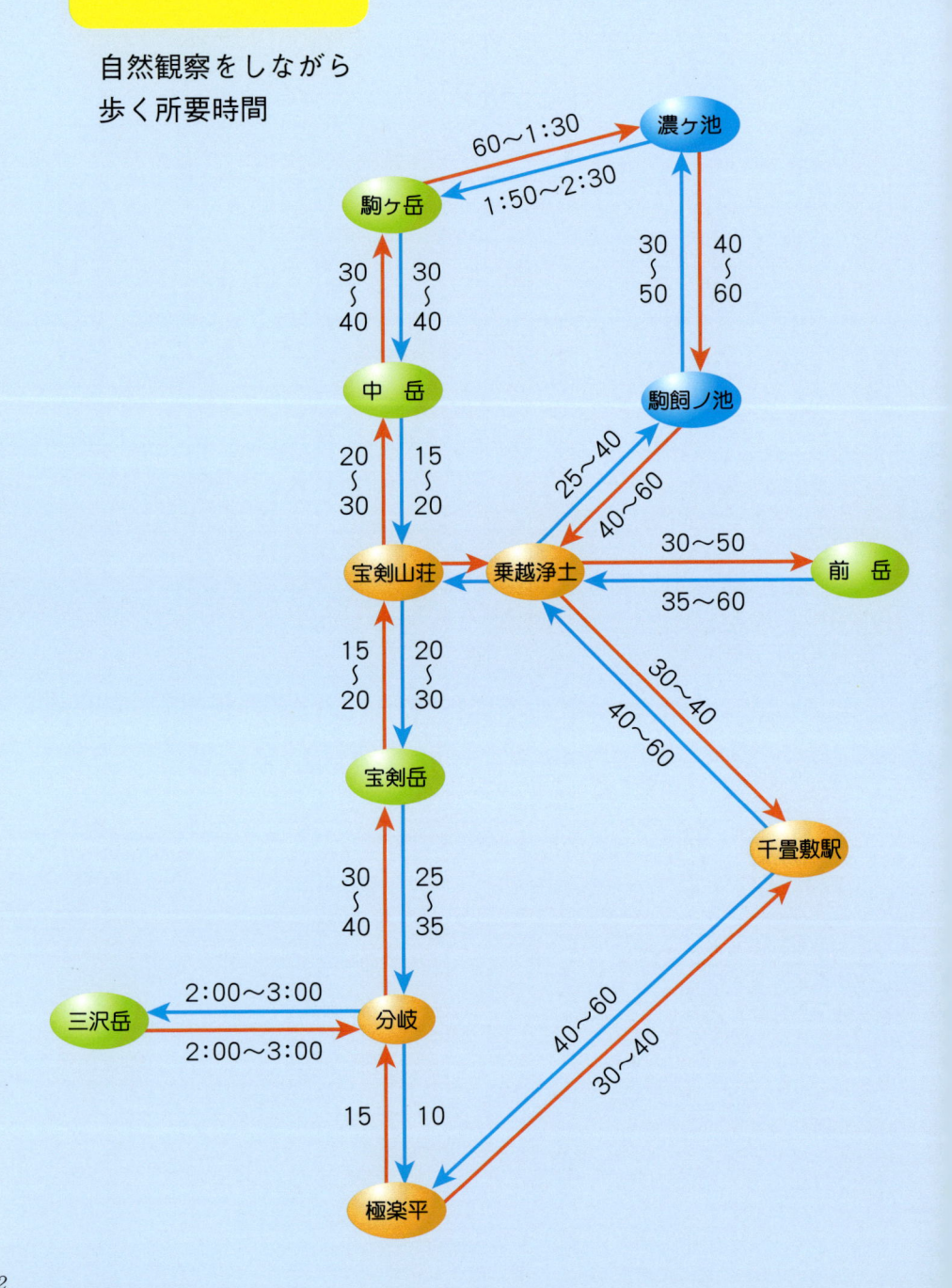

自然観察をしながら歩く所要時間

- 駒ヶ岳 ─ 濃ヶ池: 60〜1:30 / 1:50〜2:30
- 駒ヶ岳 ─ 中岳: 30〜40 / 30〜40
- 濃ヶ池 ─ 駒飼ノ池: 30〜50 / 40〜60
- 中岳 ─ 宝剣山荘: 20〜30 / 15〜20
- 駒飼ノ池 ─ 乗越浄土: 25〜40 / 40〜60
- 宝剣山荘 ─ 乗越浄土
- 乗越浄土 ─ 前岳: 30〜50 / 35〜60
- 宝剣山荘 ─ 宝剣岳: 15〜20 / 20〜30
- 乗越浄土 ─ 千畳敷駅: 30〜40 / 40〜60
- 宝剣岳 ─ 分岐: 30〜40 / 25〜35
- 三沢岳 ─ 分岐: 2:00〜3:00 / 2:00〜3:00
- 分岐 ─ 極楽平: 15 / 10
- 極楽平 ─ 千畳敷駅: 40〜60 / 30〜40

分布図（道から観察できる地点）　数字は本文のページ

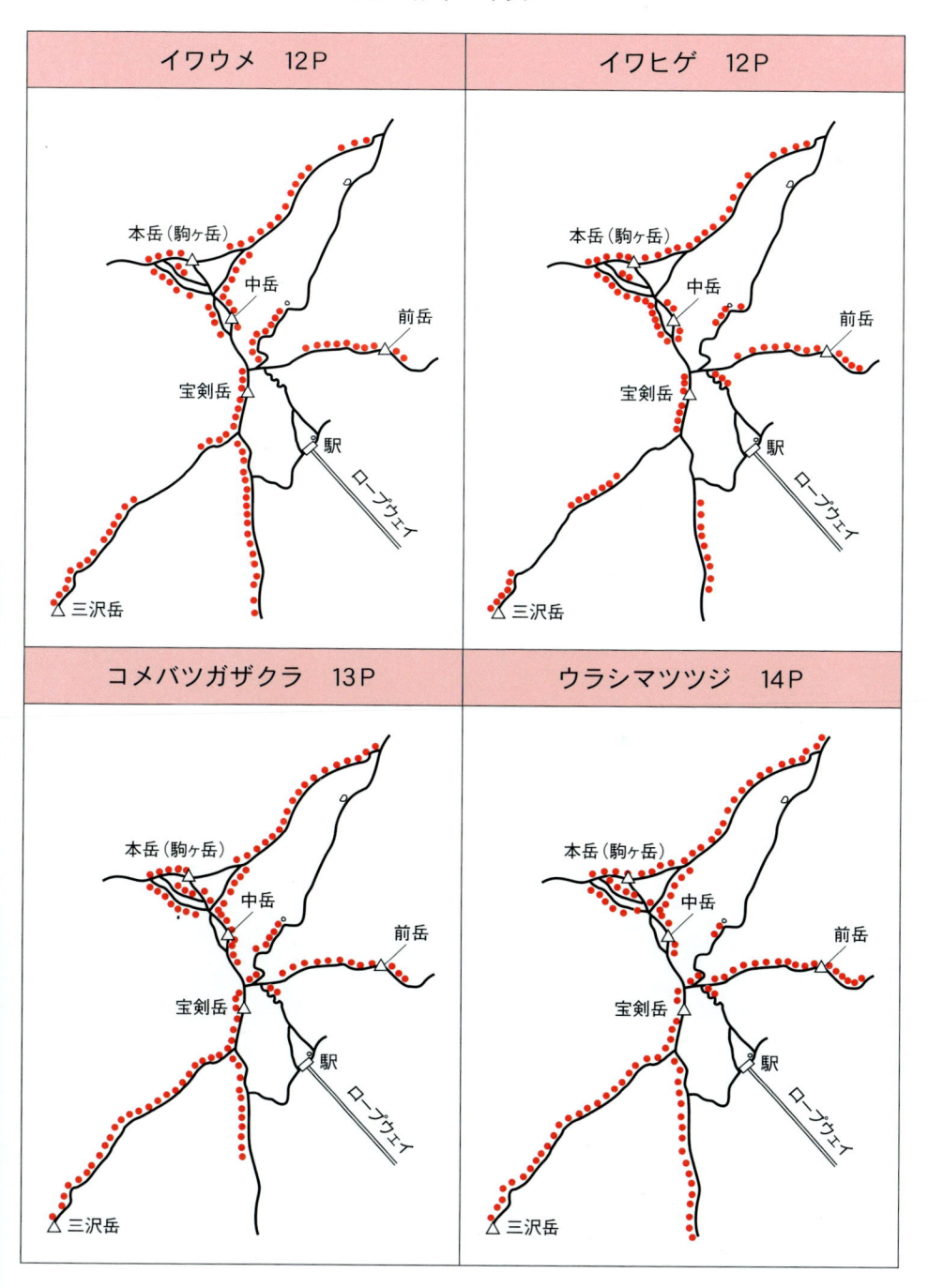

イワウメ　12P	イワヒゲ　12P
コメバツガザクラ　13P	ウラシマツツジ　14P

分布図

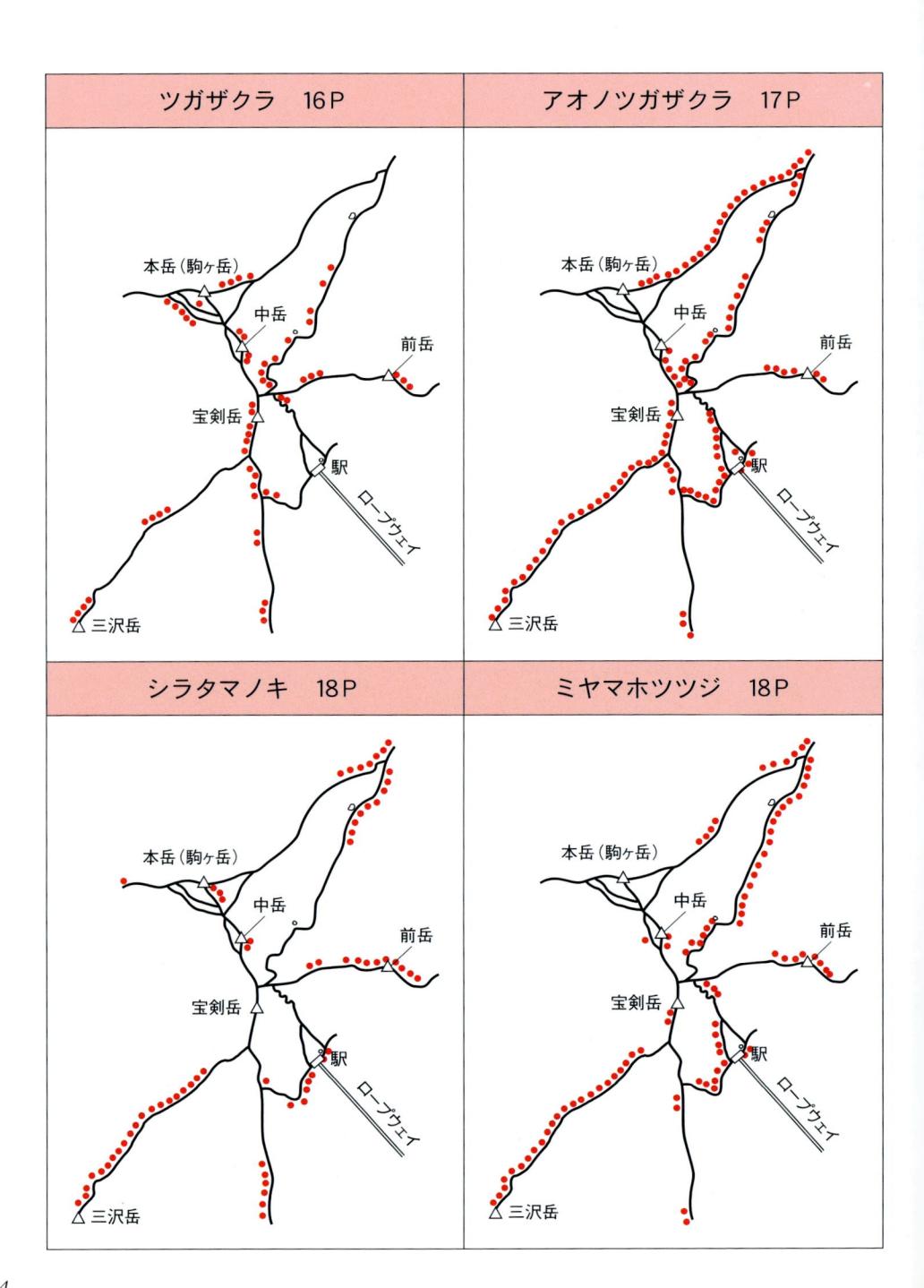

ツガザクラ　16P	アオノツガザクラ　17P
シラタマノキ　18P	ミヤマホツツジ　18P

分布図

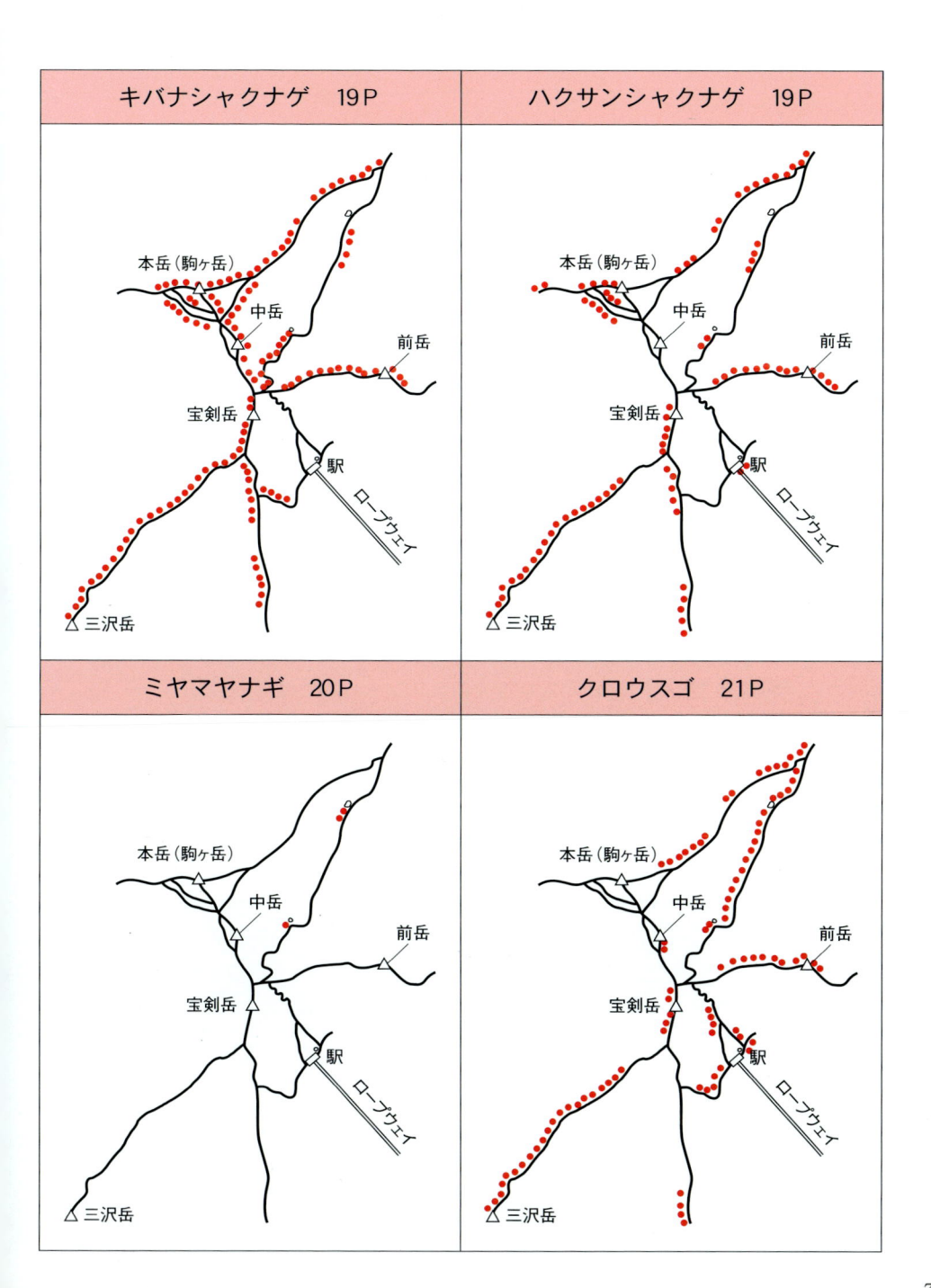

キバナシャクナゲ　19P	ハクサンシャクナゲ　19P
ミヤマヤナギ　20P	クロウスゴ　21P

分布図

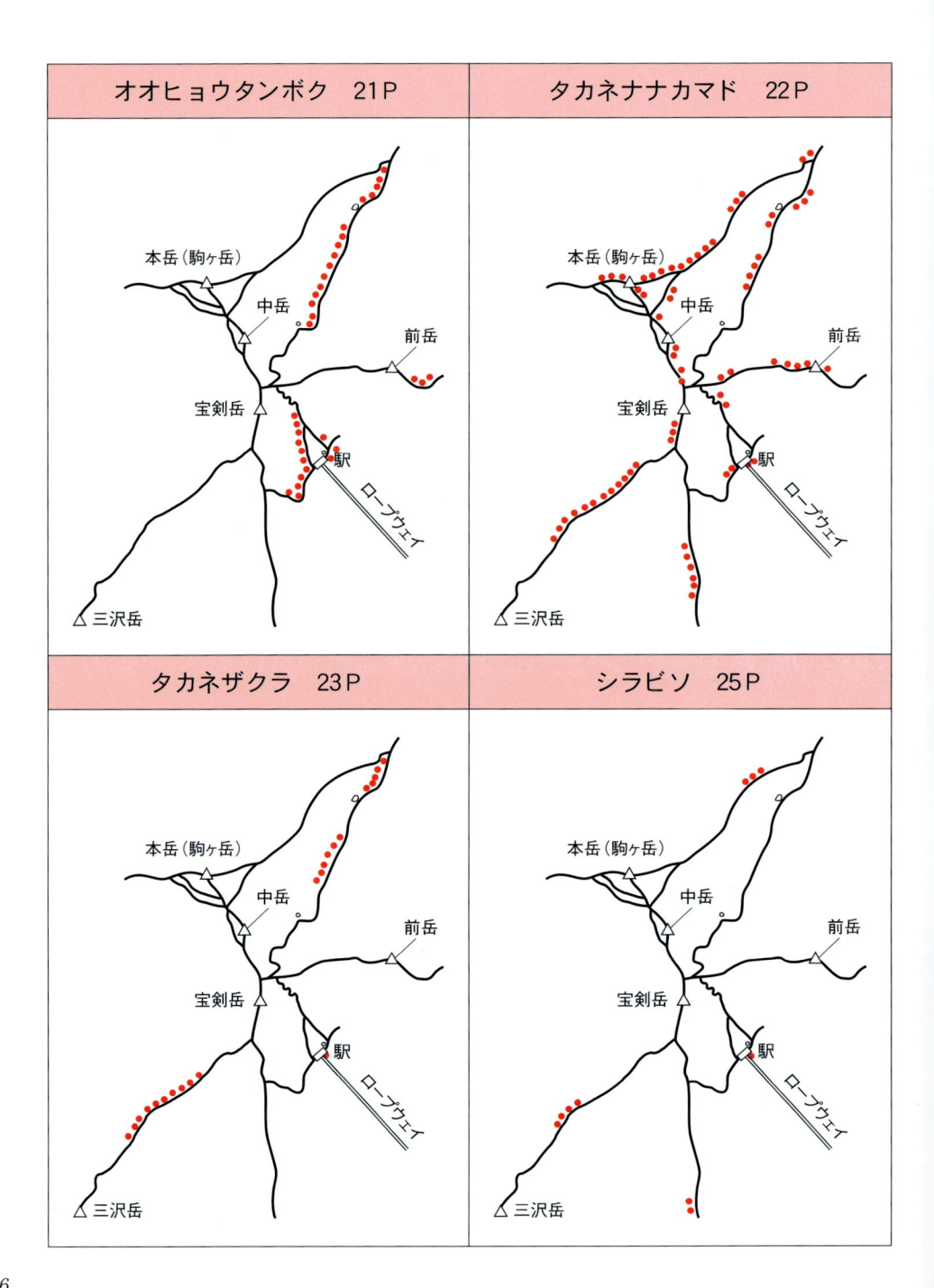

オオヒョウタンボク　21P	タカネナナカマド　22P
タカネザクラ　23P	シラビソ　25P

分布図

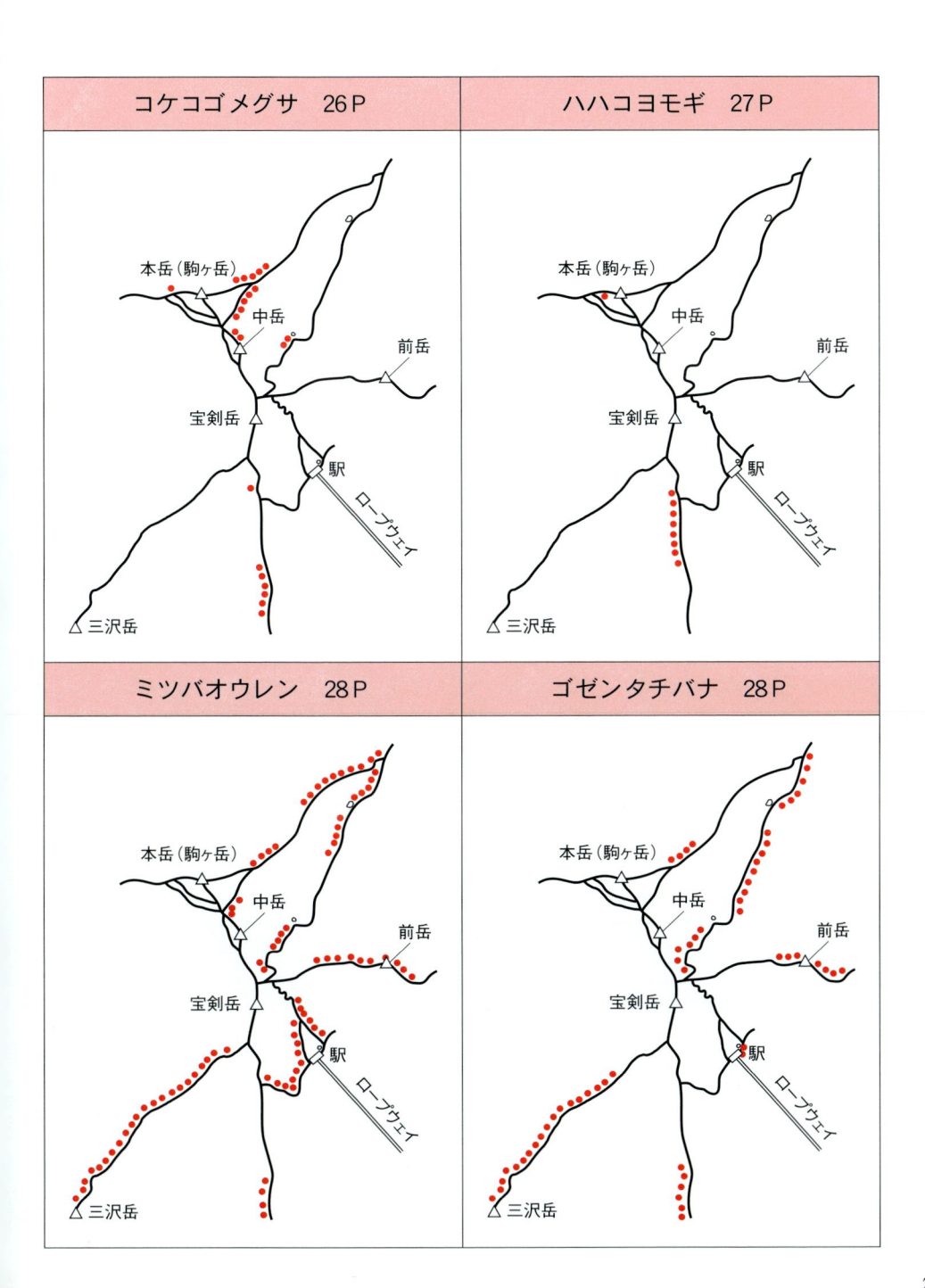

コケコゴメグサ　26P	ハハコヨモギ　27P

ミツバオウレン　28P	ゴゼンタチバナ　28P

各図中の地名: 本岳（駒ヶ岳）、中岳、前岳、宝剣岳、駅、ロープウェイ、三沢岳

分布図

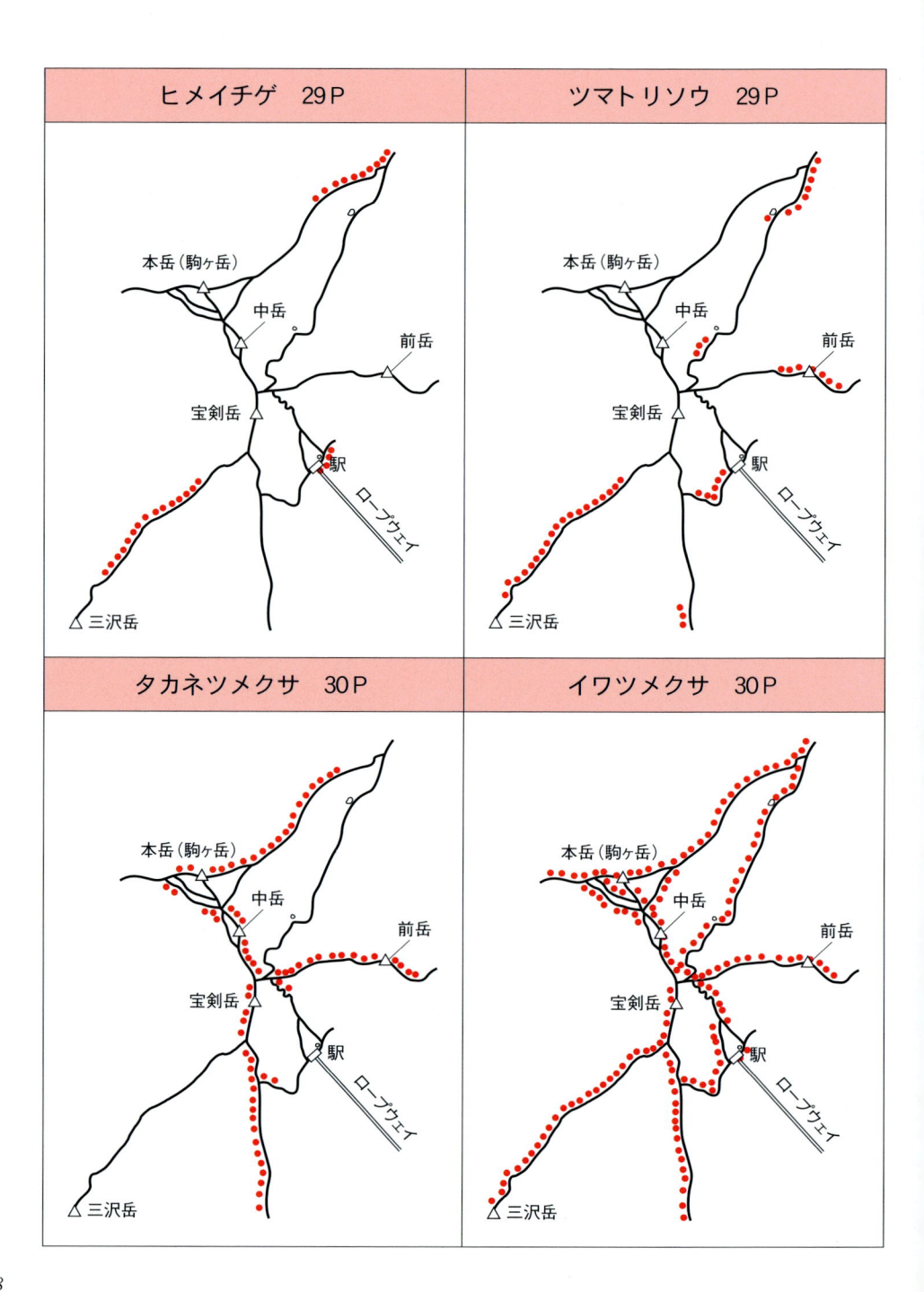

ヒメイチゲ　29P	ツマトリソウ　29P
タカネツメクサ　30P	イワツメクサ　30P

分布図

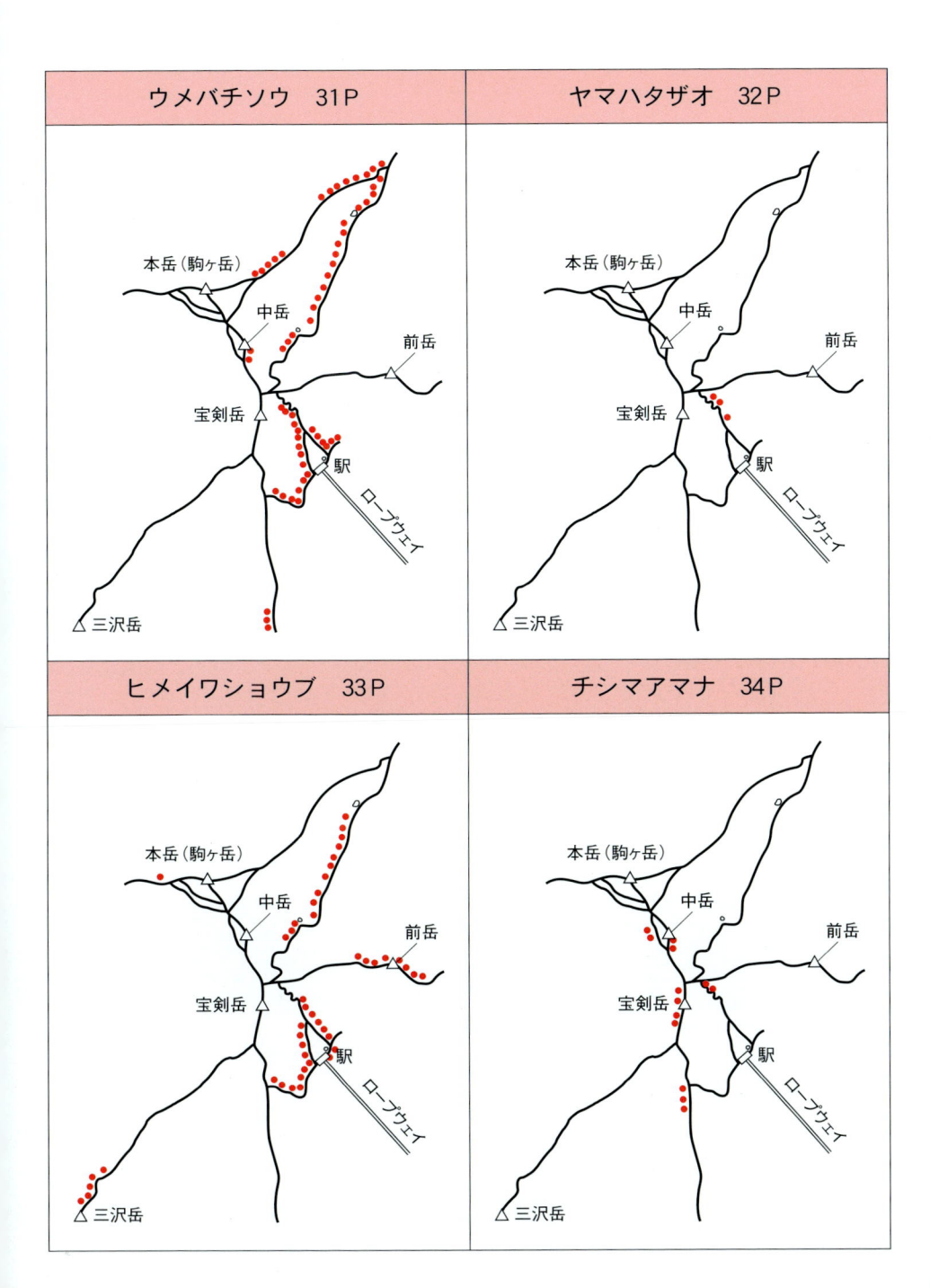

ウメバチソウ　31P	ヤマハタザオ　32P
ヒメイワショウブ　33P	チシマアマナ　34P

分布図

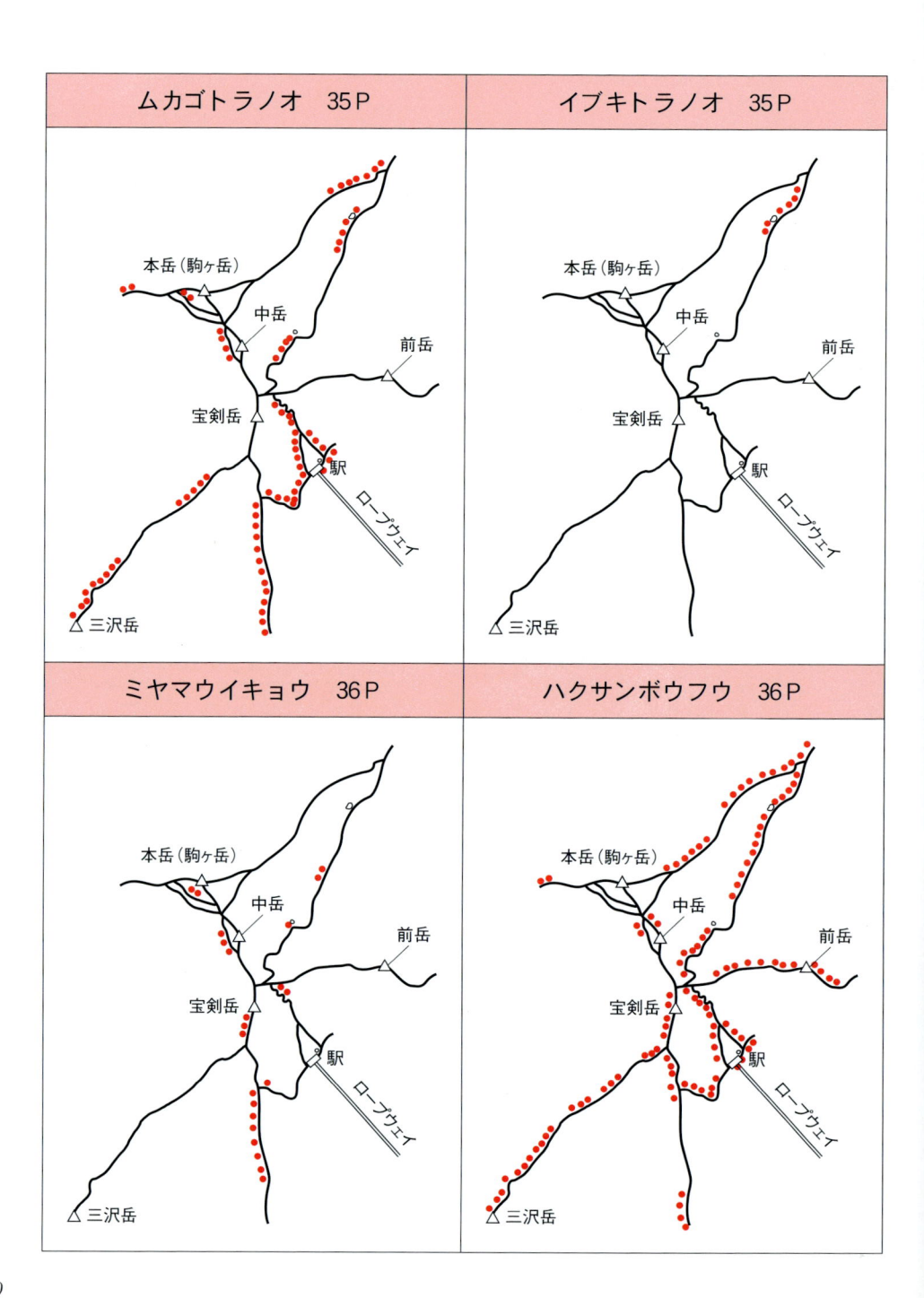

ムカゴトラノオ　35P	イブキトラノオ　35P
ミヤマウイキョウ　36P	ハクサンボウフウ　36P

分布図

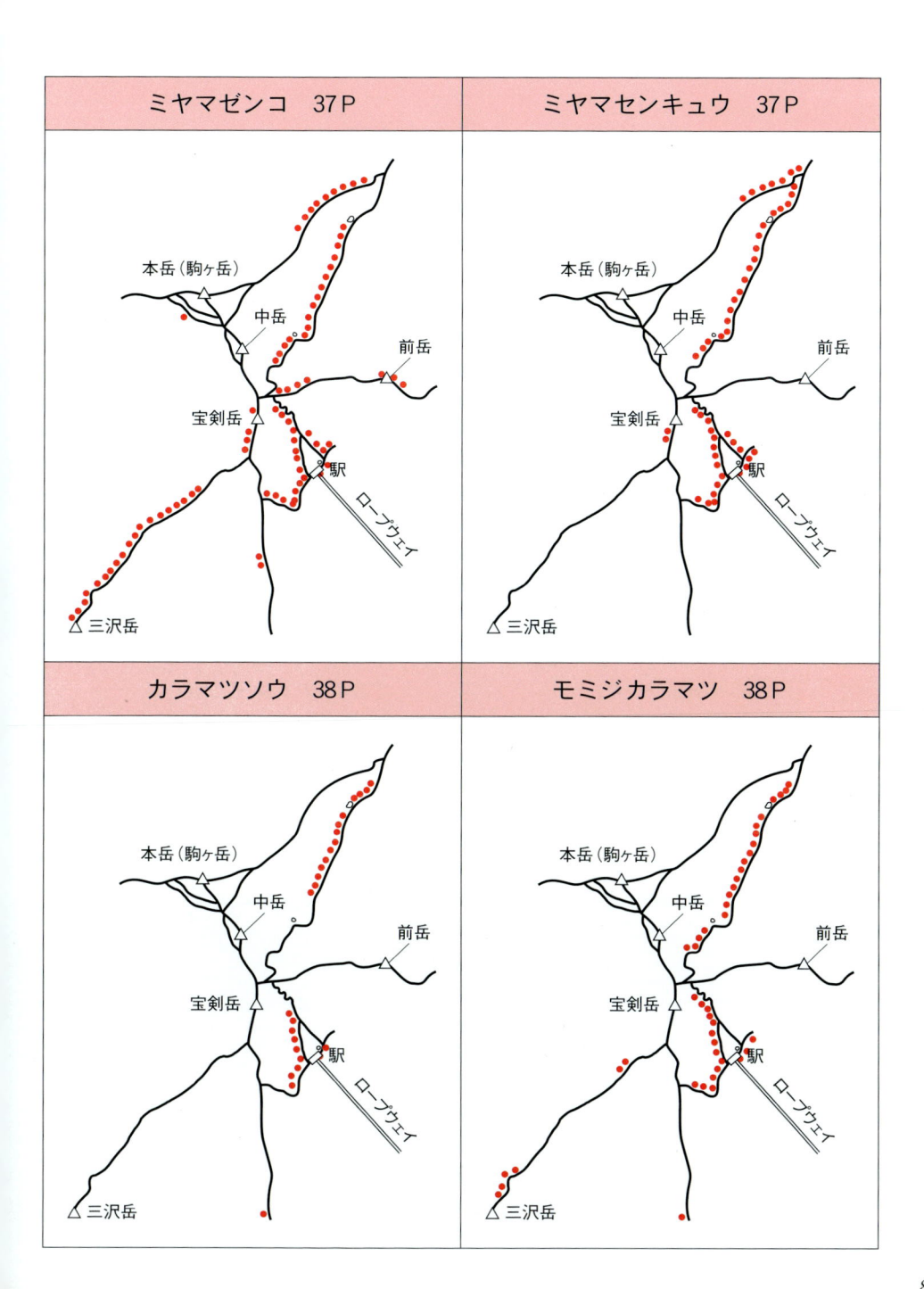

ミヤマゼンコ 37P	ミヤマセンキュウ 37P
カラマツソウ 38P	モミジカラマツ 38P

分布図

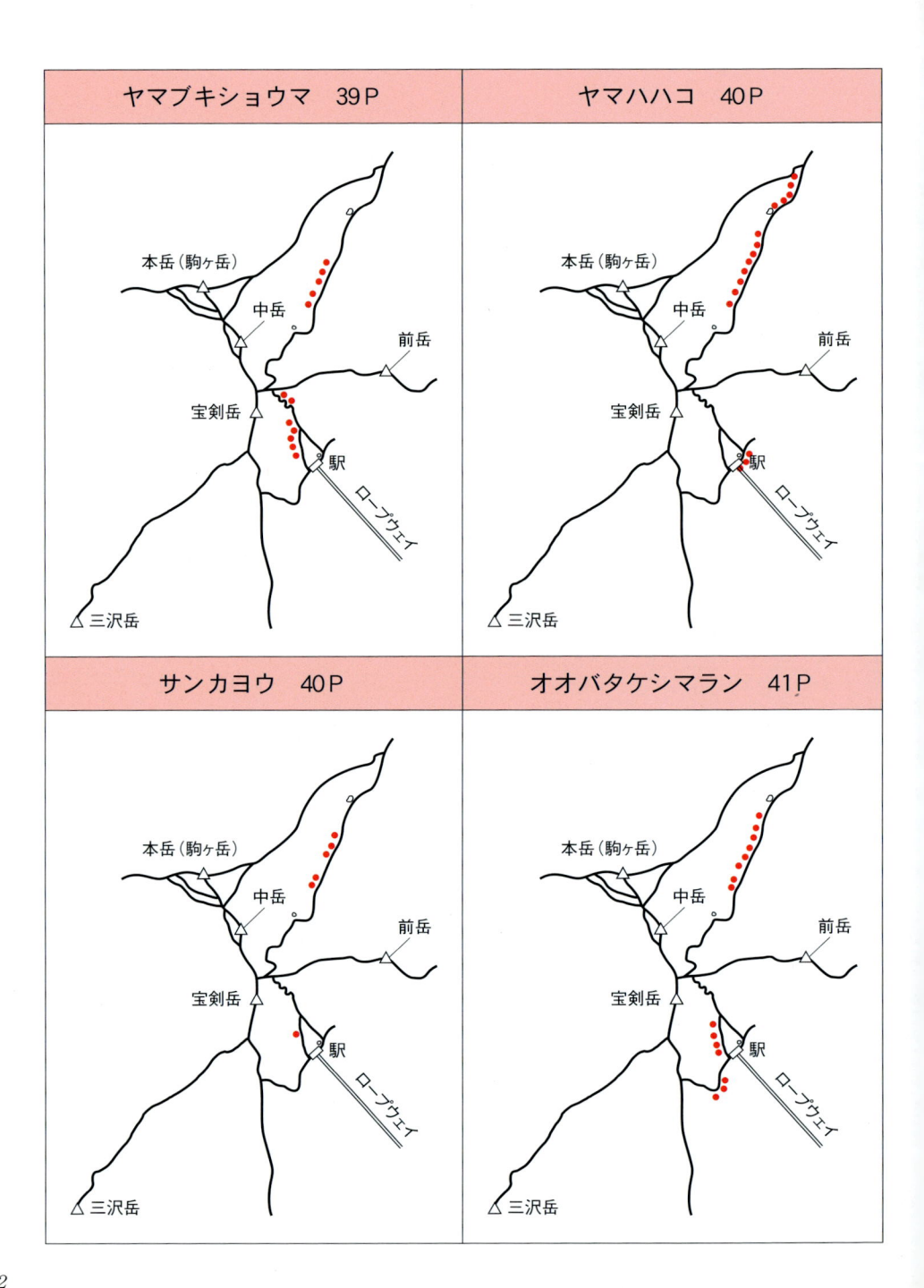

ヤマブキショウマ 39P	ヤマハハコ 40P
サンカヨウ 40P	オオバタケシマラン 41P

分布図

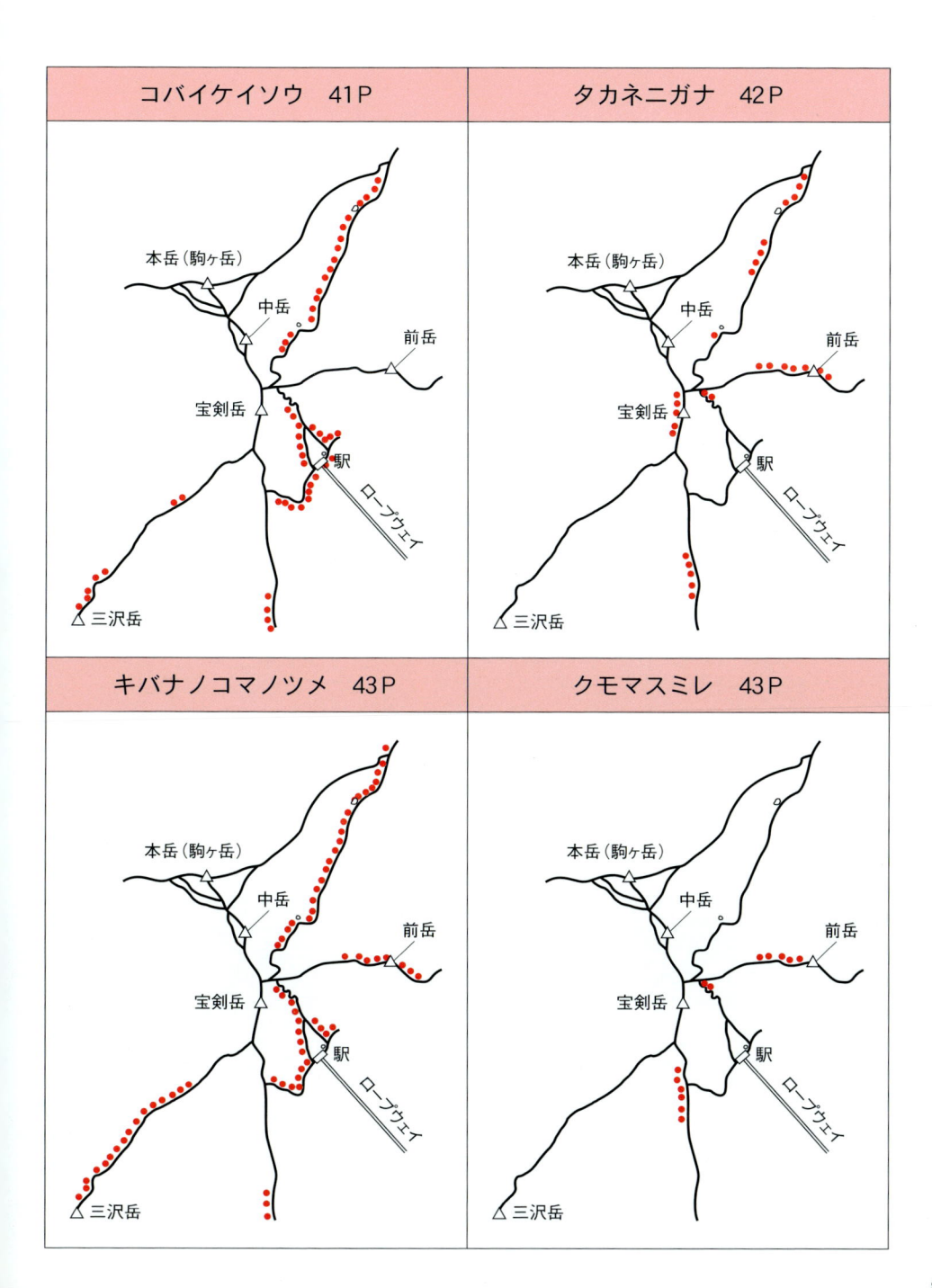

コバイケイソウ 41P	タカネニガナ 42P
キバナノコマノツメ 43P	クモマスミレ 43P

分布図

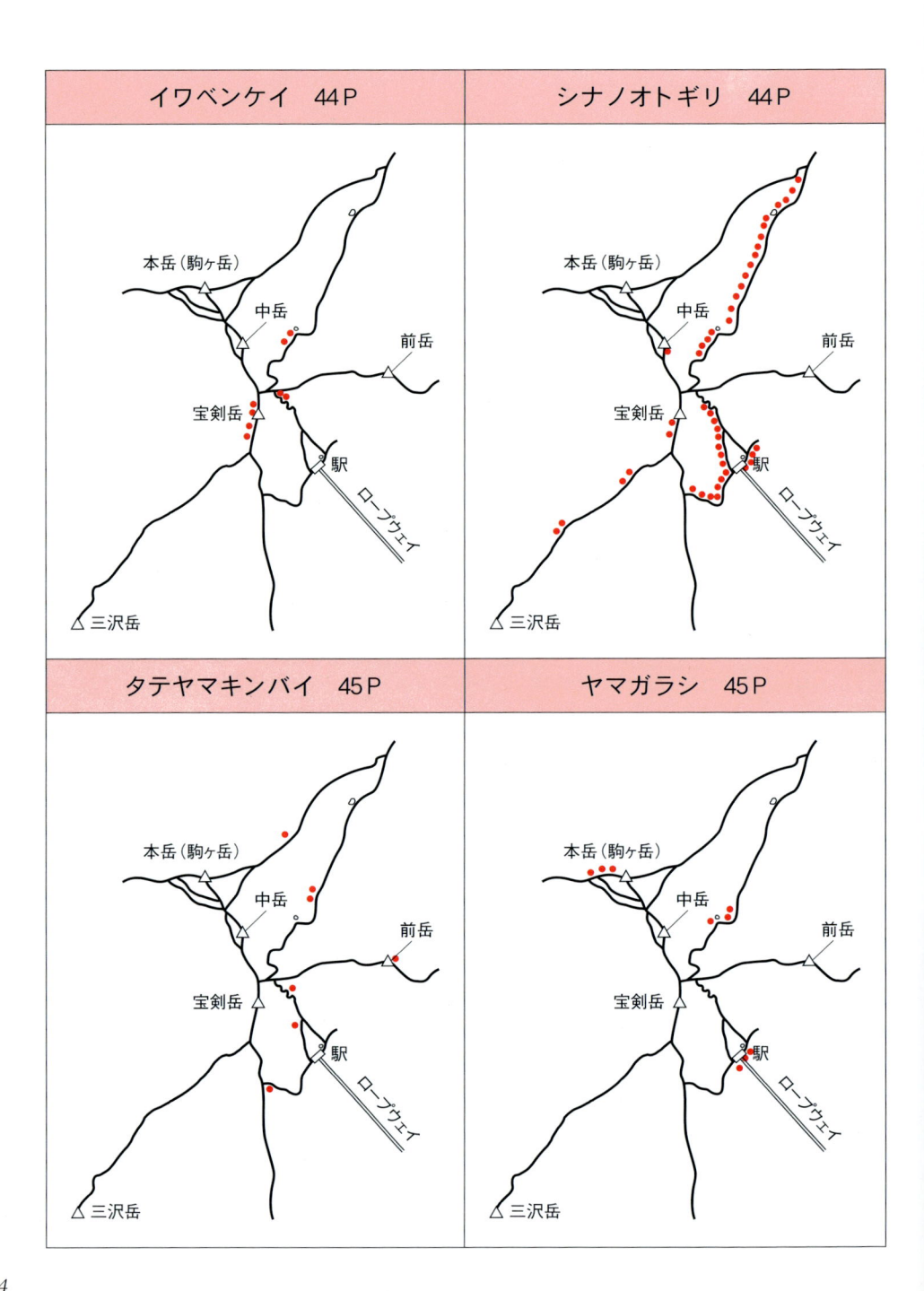

イワベンケイ 44P	シナノオトギリ 44P
本岳(駒ヶ岳)／中岳／前岳／宝剣岳／駅／ロープウェイ／三沢岳	本岳(駒ヶ岳)／中岳／前岳／宝剣岳／駅／ロープウェイ／三沢岳

タテヤマキンバイ 45P	ヤマガラシ 45P
本岳(駒ヶ岳)／中岳／前岳／宝剣岳／駅／ロープウェイ／三沢岳	本岳(駒ヶ岳)／中岳／前岳／宝剣岳／駅／ロープウェイ／三沢岳

分布図

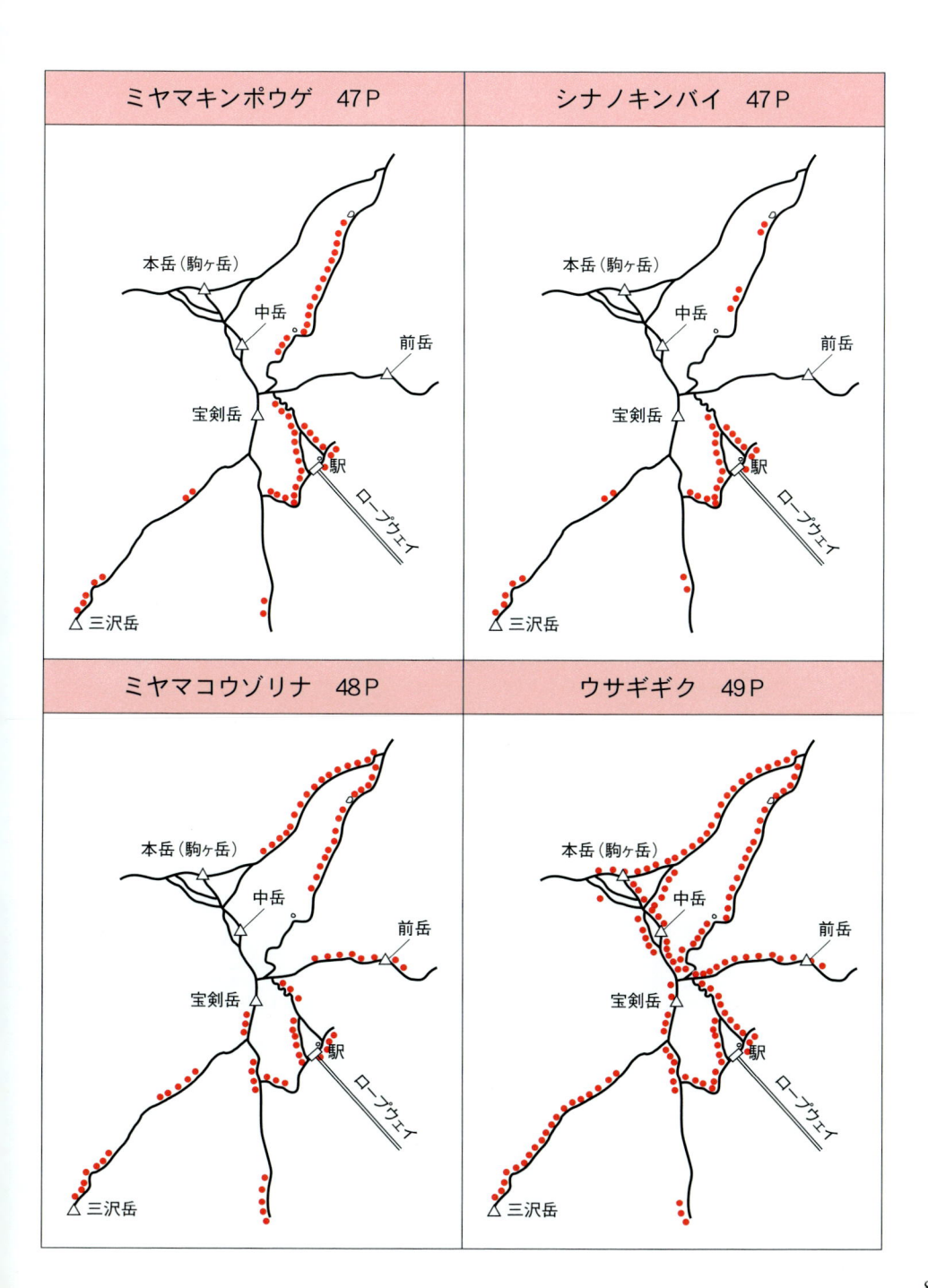

ミヤマキンポウゲ　47P	シナノキンバイ　47P
ミヤマコウゾリナ　48P	ウサギギク　49P

分布図

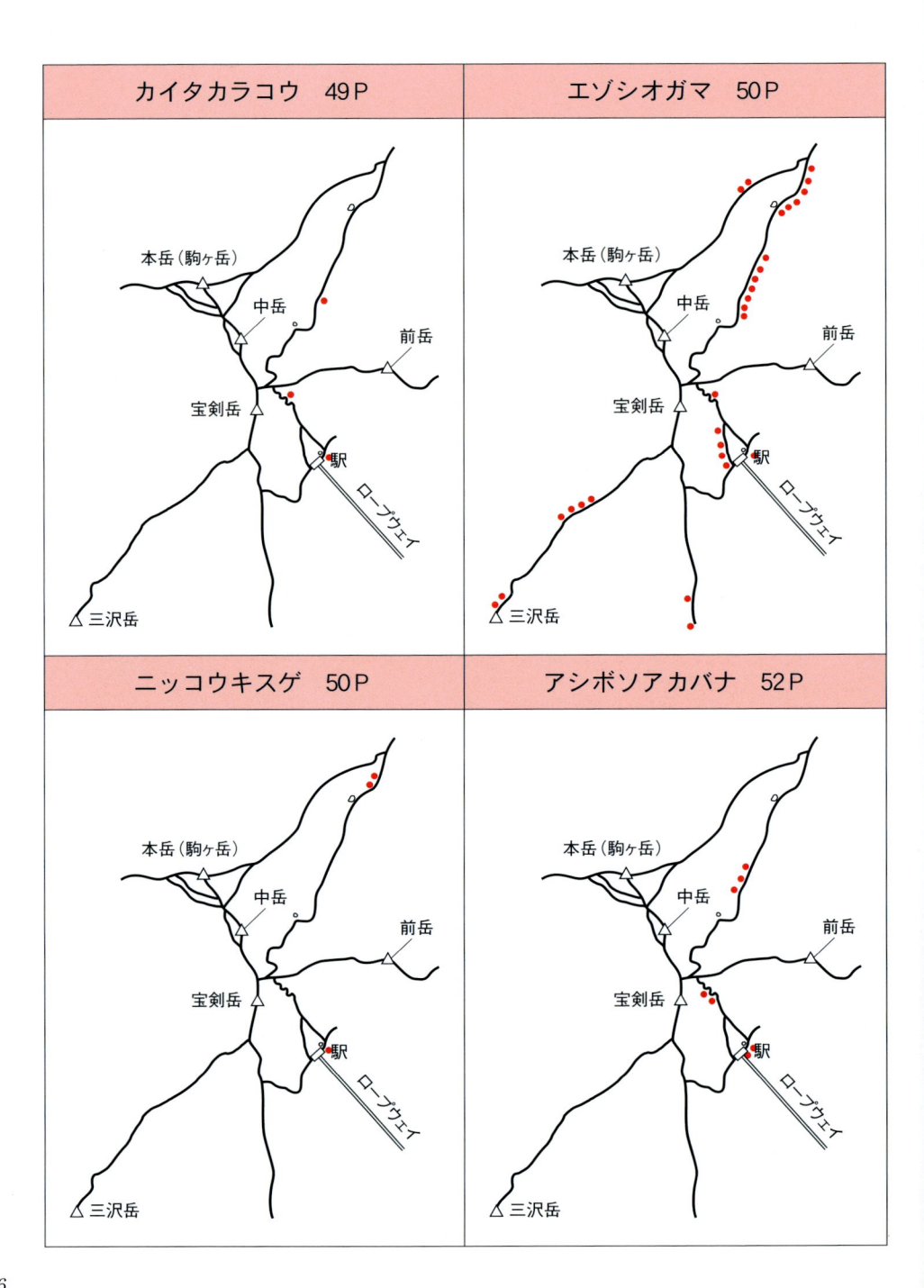

カイタカラコウ 49P	エゾシオガマ 50P
ニッコウキスゲ 50P	アシボソアカバナ 52P

分布図

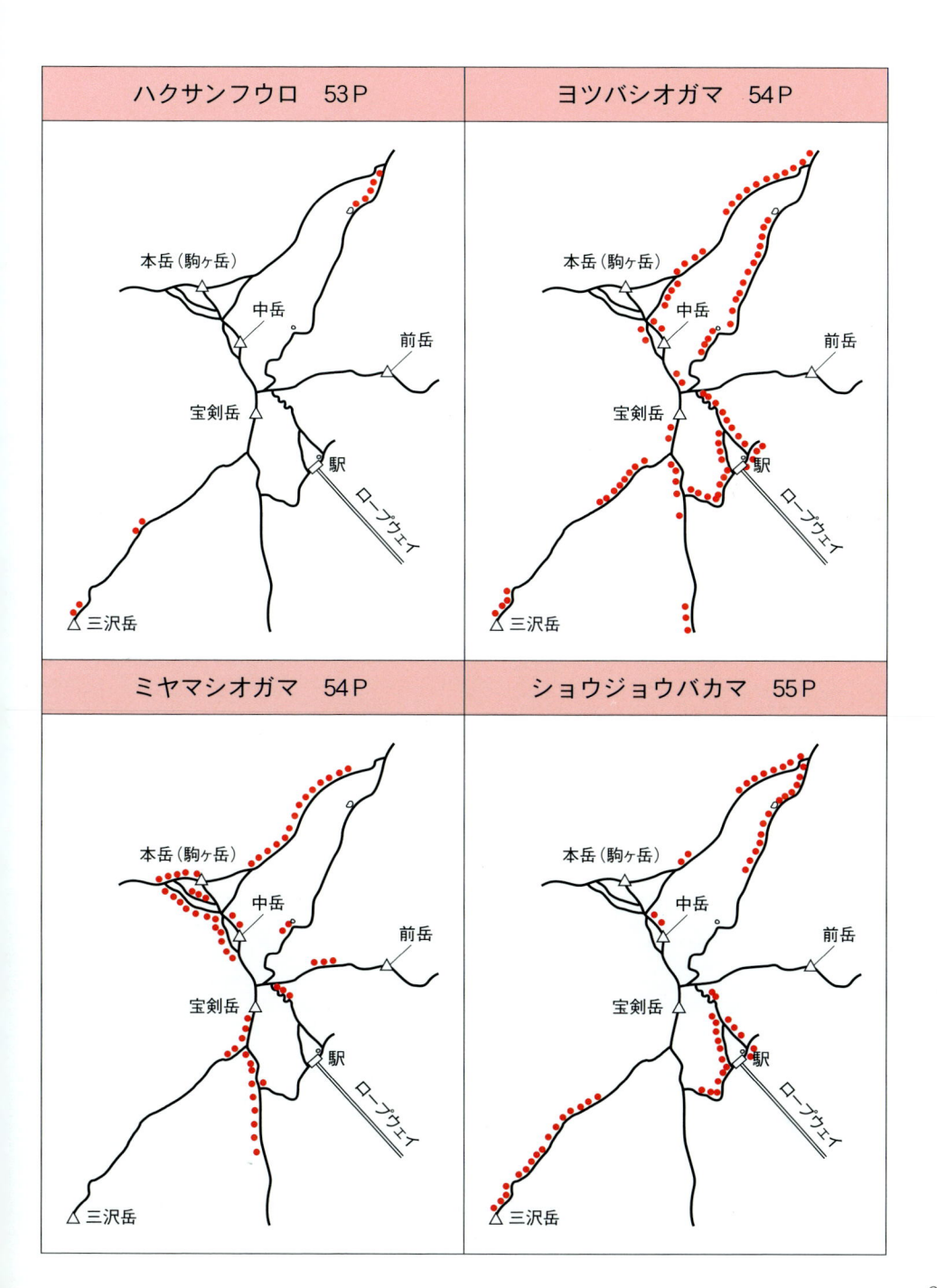

ハクサンフウロ 53P	ヨツバシオガマ 54P
ミヤマシオガマ 54P	ショウジョウバカマ 55P

分布図

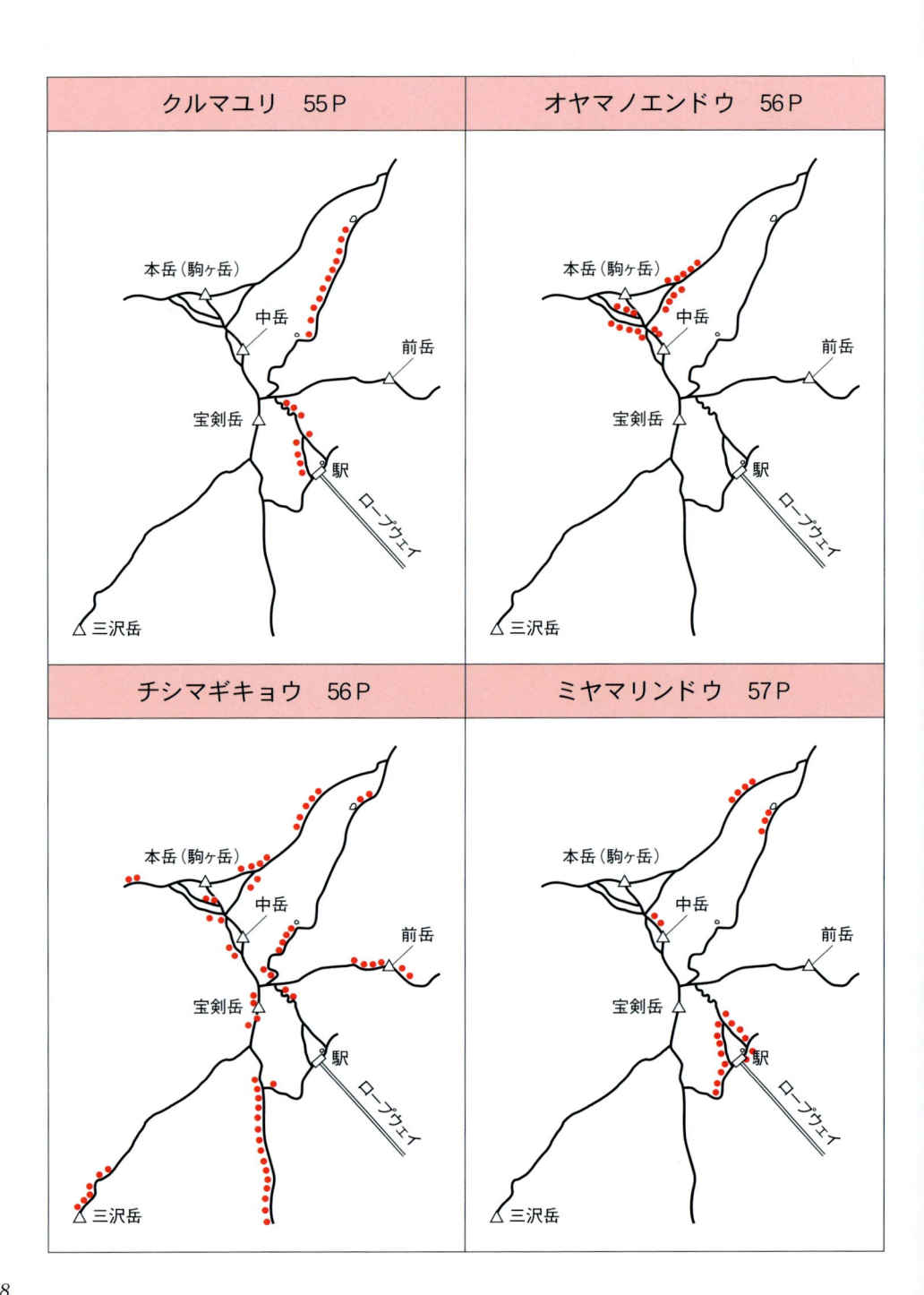

クルマユリ 55P	オヤマノエンドウ 56P
チシマギキョウ 56P	ミヤマリンドウ 57P

分布図

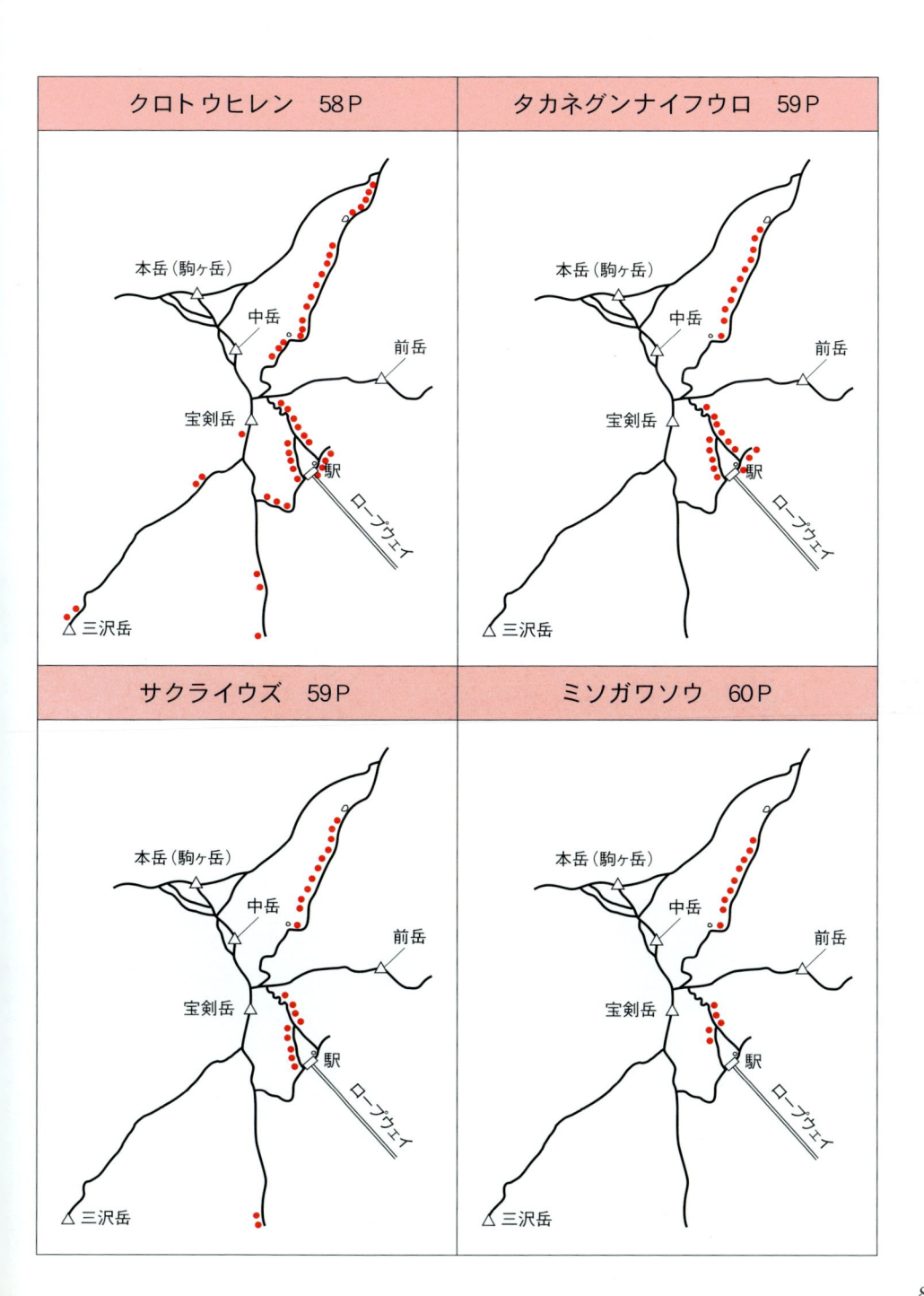

クロトウヒレン 58P	タカネグンナイフウロ 59P
サクライウズ 59P	ミソガワソウ 60P

分布図

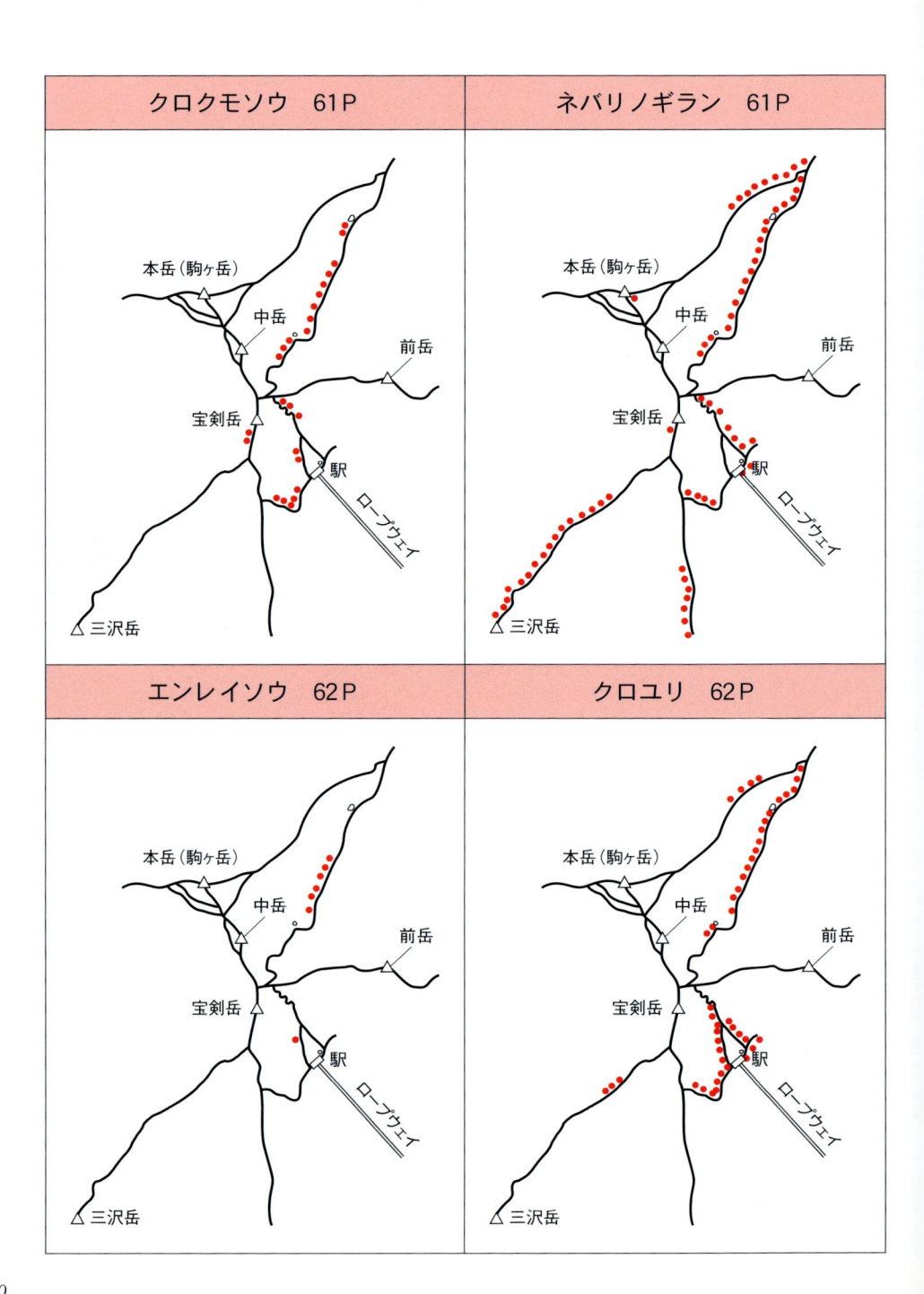

クロクモソウ 61P	ネバリノギラン 61P
本岳(駒ヶ岳)／中岳／前岳／宝剣岳／駅／ロープウェイ／三沢岳	本岳(駒ヶ岳)／中岳／前岳／宝剣岳／駅／ロープウェイ／三沢岳

エンレイソウ 62P	クロユリ 62P
本岳(駒ヶ岳)／中岳／前岳／宝剣岳／駅／ロープウェイ／三沢岳	本岳(駒ヶ岳)／中岳／前岳／宝剣岳／駅／ロープウェイ／三沢岳

分布図

追　補

中央アルプス（木曽山脈）

　中央アルプスは花こう岩の山脈としては、日本で最も大きい山脈である。南北に長い山脈だが、高山帯があるのは北は将棊頭山（しょうぎがしら）から、南は越百山（こすも）までである。この中で高い山が連なる所は、南の仙崖嶺（せんがいれい）から空木岳（うつぎだけ）までの連山と、北の極楽平から将棊頭山までの山々の2組である。

　伊那地方では、この山々のうち、南の連山は「南駒ヶ岳」または「南駒」と呼んできた。したがって南駒ヶ岳は、この連山の最高峰の山を呼ぶ場合と、連山を指す場合とがある。北の連山は、南アルプスの駒ヶ岳を「東駒ヶ岳」と称し、それに対して「西駒ヶ岳（駒ヶ岳ということもある）」と呼んでいる。そして地図に駒ヶ岳と書かれている最高峰は本岳と呼ぶ。それゆえに駒ヶ岳は最高峰の山をいう場合と、連山を指す場合とがある。

　西駒ヶ岳の呼び方は、以前は全国的に通用したことがあり、『日本植物誌』（昭和50年発行）では使われている。今は全国的には「木曽山脈の駒ヶ岳」を縮めて「木曽駒ヶ岳」と称することが多い。

　200万年ほど前は中央アルプスはなかった。天竜川の東からは、北アルプスが見えたはずだという。その後太平洋プレートの西へ押し寄せる力により盛り上がって山脈が形成された。そして70万年ほど前から中央アルプスの上昇が激しくなる。山の上昇に伴い、浸食が進み、谷は深く成長し、大量の土砂が流れ出て、山麓に広い扇状地ができあがった。45億年の地球の歴史にしてみれば、70万年は一瞬の時間にしかすぎない。中央アルプスは日本の山脈の中では最も新しい山脈である。多くの断層により急上昇したことと、まだ浸食が十分に進んでいないために、急しゅんな地形である。

　9～5万年前に、氷河時代に入り、山は万年雪に覆われた。そして小規模ながら氷河が流れ、1万5,000年前に氷河は消えて、U字形に浸食されて、お椀（わん）を半分に切ったような地形ができた。これをカール（圏谷（けんこく））と呼ぶ。千畳敷や濃ヶ池・駒飼ノ池付近はカールである。

　氷河は固体であるが、極めて遅い速度で流れる。氷河は厚くて固体なので、岩を押す力は強大で、多くの土砂や岩石を押し下していく。気候が温暖になって氷河が溶けた時、押してきた土砂・岩石は氷河先端の地に置き去りにされて、うず高く堆積される。これをモレーンと呼んでいる。モレーンの手前は低いので、ここに水がたまって池ができる。剣ヶ池・駒飼ノ池・濃ヶ池はこうしてできた池である。

高山植物

　厳密な意味では、高山植物とは高山帯を主な生育地とする植物である。高山帯とは、寒さや強風により大きな樹木が生えていない、森林限界以上の地域である。森林限界は、中部地方ではおよそ2,500m以上であり、北海道ではもっと低く、千島では海岸まで下がる。日本の高山植物は400種といわれる。日本列島には約6,000種の野生植物が

あるので、この中の6.7％である。

　内地の高山帯に生える植物が、北海道や千島では海岸に生えていて、高山植物と呼ぶにはふさわしくない、ということで、大正時代から昭和初期には寒地植物と称したことがある。

　高山植物とは、一般的には奥山に生える植物を指し、亜高山植物も含めている場合がある。低地の山に「折るまい採るまい高山植物」と書いた立て札があって、シャクナゲ類・イワガミなど、低地に生えているものも含めて、山の植物を指すこともある。

　植物関係の書物では、高山帯に生える植物だけを高山植物としている場合が多い。しかし個々の植物については、高山帯にしか生えないものは、疑うことなく高山植物であるが、ショウジョウバカマなどのように、低地にも生えるものは、高山植物といってよいのか疑問に思うものもある。

　高山植物の特徴は、寒さに強いことはもちろんであるが、そのほかに次の特徴がある。

(1) 生育期間が短い。

　　高山帯では植物が芽を出すのは、雪解けの早い所でも6月上旬で、9月中旬には霜が来て、生育できる期間は3ヵ月半である。この間に発芽・開花・結実のサイクルが完了できる性質を持つ。

(2) 低温でも生育できる。

　　標高が100m高くなると、気温は0.6℃低くなる。2,600mでは、海岸近くより約16℃低い。海岸で35℃の時は、計算上は千畳敷では19℃である。実際にロープウェー駅舎の温度計は、18℃を超えることはほとんどない。植物が生育するのには温度が重要な要素であるが、気温と共に地温も大きく影響する。8月に地下の温度を測定したことがある。地表温度は日照で高くなるが、植物の根がある地下5cmの温度は15℃以下であった。この温度以下で生育できる性質を持つ。

(3) 高温に弱い。

　　植物は根から水分を吸収し、葉から蒸発させている。このバランスがくずれて、蒸発量に吸収量が追いつかないと弱ってしまう。高山では気温が低いので、湿度は低くても水分は蒸発しにくい（乾きにくい）。

　　植物は日中に葉でデンプンを生産し、それを消費させて生育のエネルギーを得ている。この分解作用は、気温が高くなると大きくなる。デンプンの消費に生産が追いつかなくなると弱ってしまう。

　　高山植物を盗掘して、家で育てようとする人がいるが、低温の環境に適応している植物は、高温の低地では、主に上記の理由で育ちがたい。

(4) 丈が低い。

　　風が強いので、小形でなければ生きていけない。

　低地に生える植物のうち、4月に開花し、6月までに結実する植物は、高山植物に

なり得る。スズメノカタビラやセイヨウタンポポは開花時期が早く、工事の機械や物資にまぎれて持ち込まれ、千畳敷では繁殖している。ヨモギも生えたが、これは秋に開花する性質なので、結実前に寒くなり、種子が実らないので広まらない。

変わり行く高山帯の植生

　小さな植物が生えている所に、人間や動物が踏み込めば、影響が出ることは当然である。それが少しのことであれば、肥沃な土地では回復する。しかし厳しい気象と砂地の痩せた高山では、すぐには回復できない。頻繁に人が歩く所が植物が絶えて道となり、動物ならば獣道になる。昔の登山道は、ハイマツなどの潅木を少し切るだけで、自然にできた人や獣の足跡によって作られた。

オヤマノエンドウ

　昔のように、それほど多くない登山者が通るだけであれば、植生にはあまり悪影響は与えないが、年間数十万人もの人間が歩けば道は荒れて、場所によっては著しい植生の破壊が生ずる。

　人が歩けば靴によって土地の表面が削られ、それが雨に流されて少しずつ低くなっていく。その結果、千畳敷の遊歩道では、50cm以上も低くなった道がある。宝剣岳と中岳の間や本岳山頂では、広い範囲で自由に人が歩いたために、そこでは植物がほとんど消えて裸地になってしまった。宝剣山荘の西側は、以前はヒメウスユキソウ・チシマギキョウなど多くの植物が岩の間に生えていたのだが、すっかり消えて、土地は30〜60cmも低下し砂漠化してしまった。

　駒ヶ岳にロープウェーが開設された当時は、多くの植物が盗掘された。中岳の北斜面にはイワギキョウが生えていたのだが、完全に消えてしまった。ヒメウスユキソウは低地では栽培不可能であるにもかかわらず、エーデルワイスの仲間、ということで人気があった。そして山の植物を盗んで卸すことを業とする者により大量に堀り取られ、園芸業者のカタログに載って通信販売された。その結果随分減少してしまった。今はそのようなことは少なくなったようだ。このほかにも極めて稀な白花のオヤマノエンドウ・チシマギキョウ・サクライウズ・クロクモソウなどが絶滅してしまった。

ヒメウスユキソウ　　キク科

　高山植物の中で世界で一番有名なのはエーデルワイスではないかと思う。エーデルワイス（高貴な白）は、「氷河の星」とも呼ばれる。山のグループのバッチやワッペンにこの花がデザインされていたり、店の名前に使われたりして、アルピニストにとってはあこがれの草だと聞いている。ヒメウスユキソウはこのエーデルワイスの仲間で、中央アルプス特産の植物である。

ヒメウスユキソウ

エーデルワイスの仲間はウスユキソウ属と呼ぶ。学名では「レオントポジューム属」というが、「ライオンの足」という意味であり、この可憐な草にとっては少々気の毒な呼び方である。ウスユキソウ属の植物は30種（50種と書いた本もある）あり、ヨーロッパにはエーデルワイスが1種だけで、あとはヒマラヤ、シベリア、日本に分布している。日本には基本種が5種、変種まで入れると10種類が生えている。この中で最も小さくて可愛らしいのがヒメウスユキソウである。狭い日本に、エーデルワイスの仲間の3分の1が分布しているのだから、日本は植物の種類が大変多い国だといえる。

　この草にはヒメウスユキソウとコマウスユキソウの2つの名前がつけられていて厄介だ。明治13年（1880）に谷田部良吉氏により西駒ヶ岳で発見され、ヒメウスユキソウと名づけられた。その後ミヤマウスユキソウとされたが、東北地方にあるものと異なることが分かり、西駒ヶ岳のものはヒメウスユキソウ、東北地方のものはそのままミヤマウスユキソウとされた。

　コマウスユキソウの名前はいつごろ、どのような経緯で名づけられたのか私は知らない。著名な書物にはどちらの名前になっているか調べてみたら次のようだった。

　武田久吉著『原色日本高山植物図鑑』昭和34年　ヒメウスユキソウ
　牧野富太郎著『牧野新日本植物図鑑』昭和36年　みやまうすゆきそう（ひめうすゆきそう、ひなうすゆきそう）
　大井次三郎著『日本植物誌』昭和50年　ヒメウスユキソウ（コマウスユキソウ）
　共同著作『日本の野生植物Ⅲ巻』昭和56年　ヒメウスユキソウ（コマウスユキソウ）
　清水建美著『原色新日本高山植物図鑑』昭和57年　コマウスユキソウ（ヒメウスユキソウ）

　『牧野新日本植物図鑑』には、コマウスユキソウの名前がないので、コマウスユキソウと名づけられたのは昭和36年以後ではないかと考えられる。現在はヒメウスユキソウとして、コマウスユキソウを別名とする人と、その逆とする人の両方がいる。

　私はヒメウスユキソウと呼んでいる。その理由は、第1は最初につけられた名前がヒメウスユキソウであること。第2は植物の名前は、その植物の特徴に基づいたものの方が親しみやすく覚えやすい。数あるウスユキソウの仲間の中で、一番可愛らしいので「ヒメ」という名前の方がふさわしいと思う。コマウスユキソウの「コマ」は駒ヶ岳に生えていることからつけられたのだと思うのだが、駒ヶ岳は全国に数多くあり、秋田県の駒ヶ岳にはミヤマウスユキソウが生えている。またコマは馬であり、馬とこの可憐な花とはどうも結びつかないと思う。第3には政府（環境省）がヒメウスユキソウとしているからである。

　ヒメウスユキソウの分布は、少し前までの書物には駒ヶ岳特産と書かれている。例えば『日本植物誌』には「本州（西駒ヶ岳）の高山帯に生える」とあり、『日本の野生植物』では「木曽駒ヶ岳の山頂付近の特産」と書いてある。私が調査した結果は、西駒ヶ岳本岳の少し北から、南駒ヶ岳まで分布している。仙崖嶺は未調査だが、この山にも生えているそうである。

クロユリ　　ユリ科

　7月中旬に高山に行くと、たいていの山でクロユリの花を見ることができる。駒ヶ岳にも各地に生えているが、千畳敷の遊歩道や濃ヶ池には特に多く見られる。

　クロユリはユリの名がつくが、ユリ科ではあってもバイモ属で、ユリの仲間ではない。花の形がユリと違って、杯形でうつむきに咲く。バイモ（貝母）は中国原産のユリ科の草で薬草として栽培されている。

　クロユリの花の寿命は10日くらいで短く、すぐにしおれてしまうが、開花の早いものや遅い株があり、雪解けの遅い所では開花が遅れるので、7月上旬から8月上旬まで見ることができる。1本の茎には普通1つの花が咲くが、栄養状態が良い所では2～3個の花が咲くものがある。

　クロユリの名前はよく知られているが、これには菊田一夫原作の連続放送で有名になった「君の名は」の中で歌われた主題歌によることが多い。
「クロユリは恋の花、愛する人に捧げれば、2人はいつか結ばれる…」これからクロユリの花言葉は「恋」となった。一方「呪い」という花言葉もある。クロユリにまつわる伝説はいくつかあるそうだが、それには次の伝説による。

　戦国の武将・佐々成政は愛妾と小姓の仲を疑い、嫉妬から彼女を惨殺した。「私の死後、クロユリが咲いたら主家は滅びるであろう」と呪いつつ女は息絶えた。後日成政は、加賀白山から取り寄せたクロユリを、秀吉の正室である北政所に献上する。誰ひとり知らない北国の珍花と聞いて政所は狂喜し、得々と茶会を開いてライバルの側室淀の方を招いた。ところが淀の方は、知るはずもない花を「白山のクロユリ」と言い当て、3日とたたぬ間に、人をやってふんだんに集めたクロユリを、廊下にまで卑しい花然と生け捨てて、秀吉夫妻を迎えたのだ。政所の屈辱はいかばかり。成政はざらにある花を珍花といつわり、あまつさえ政所と淀の方と双方に取り入る不届き者となった。佐々成政は大国肥後を与えられたものの、領内に一揆が起きたことを秀吉に失政ととがめられ、切腹を命じられた。そして愛妾の呪いの如く、佐々一族は滅びた。

　黒い色の花を咲かせる植物はごく少ない。私の頭に浮かぶ黒っぽい花といえば、ウスバサイシンやミツバアケビなどである。これらは黒紫色や黒褐色でクロユリほどに黒くはない。内地のクロユリは暗紫褐色で黄褐色のはん点があるので、黒色というには当たらないが、北海道のものは斑点は目立たなくて、クロユリというにふさわしい。

　北海道では釧路湿原など低地にも生え、草丈も内地のものに比べて40cmにもなる大形であり、細胞学的にも違いがあるので、内地のものにミヤマクロユリと名づけた人がある。今は内地のものも、北海道のものと同じにクロユリと書いた本が多い。「アラスカでは70cmほどの茎に7輪もの花が咲いているのを見た」という文があった。

　駒ヶ岳を訪れる人は、クロユリの花を初めて見る人が多く、大きな期待をもってくるためか、派手さがないので、「何だこんな地味な花なのか」といった顔つきで見る人が多いように感じられる。しかしよく見ると、細い筋を透かせた花弁が、薄緑色の花柱と黄色の雄しべを抱く形で、品位と一種の妖気をたたえていて、なかなか魅力的な花だ。

黒く見える秘密は「クロユリの花の細胞表面には突起があり、その突起の影が、もともと色素の濃い花をより黒く見せる。正面からはそれほどではないのに、斜めからだと、とても黒く見えたりするのはそのためだ」と進化生物学研究所の湯浅浩史氏は話している。
　クロユリの花には香りというにはほど遠い、いやなにおいがある。自然環境の厳しい極地では、受精に関与するチョウやハチがいない。だがそんな厳しい環境にも、ハエは出没する。そこでハエの好むにおいを発して、受精を助けてもらうのだという。少々クロユリにとっては気の毒だが、アラスカでは「スカンクリリー」とか「アウトハウス（屋外トイレ）・リリー」と呼ぶ所があると聞く。

コマクサ　ケシ科

　コマクサは中央アルプスでは40年くらい前までは見ることができなかった。中央アルプスにコマクサがあったか、なかったのかについては、議論されてきて、最近コマクサはなかったという記事が新聞に掲載されたと聞く。大正末ごろの信濃教育会誌に駒ヶ岳の植物調査結果が載っているが、その中にはコマクサは見当たらない。
　古老から聞いた話では、「昔は駒ヶ岳にコマクサがあったのだが、木曽の百草丸の中の最も重要な薬草としてコマクサが使用され、随分高値で買い取られたので、採りつくされてしまったのだ」という。木曽郡『上松町誌』には次の記事がある。
　奥山春季高山植物研究史によると、「現在日本にある標本で最も古いのは、1886年（明治19）の帝大標本目録にある信州駒ヶ岳産（1880年8月矢田部・松村一行の採品）で、東大に保存されている」と記されている。山林局設置当時の文書に「御岳にはコマクサが無くなってきたので、白馬岳・八ヶ岳での採取願出書、又上松町内某の濃ヶ池畔（位置図添付）の薬草採取願書」があるが、許可の文書は見当たらない。ちなみに明治38・39年ころ、乗鞍岳・燕岳などのコマクサは薬草採りにより採取されつくされていたものである。
　数年前に間接的に聞いた話では、ほとんど人の入らない場所でコマクサを発見したということだ。場所は明かさないので確認はできない。もう故人になられた先生だった人から聞いた話では、昭和30年代末ごろのことだが、「生徒を引率して西駒ヶ岳に登った時、用たしに道から離れて下りていったところ、ガレ場があって、そこにコマクサが咲いているのを見た」と言う。その場所へ行って見たところ、コマクサが育つにふさわしい環境の所だったが、それから20年余も後なので、コマクサを見つけることはできなかった。
　今コマクサは駒ヶ岳では何か所かで見られるが、すべて植えたものだ。営林署で増殖の研究をしているし、個人で植えた人も複数いる。
　数年前極楽平南でコマクサを植えている人に会った。東京の方だが、「自宅でコマクサを種子から繁殖させて、人に分けてやっていたが、皆枯らしてしまうので、山へ返そうと思い立ち、登りやすい駒ヶ岳に植えているのだ」と言っていた。
　私は毎年その場所へ博物館主催の「高山植物をみる会」などを案内して行くが、皆

さん大変感激してコマクサを見る。ただ悲しいことは、砂地にくぼんだ所があって、掘り採られていることだ。

コケコゴメグサ　ゴマノハグサ科

　駒ヶ岳は古くから登山道ができていて、比較的登りやすい山だったので多くの植物学者が訪れた。また地元の小学生（戦前）、中学生（戦後）が集団登山を行い、その教育のために、信濃教育会が植物調査をして、詳しい調査報告がなされている。その報告にでている植物が、現在も有るかどうか調べている中で、ミヤマコゴメグサという植物がなかなか見つからなかった。そのうちに、非常に小さなコゴメグサ属の植物を見つけたが、どの植物図鑑にも該当するものが載っていなかった。

コケコゴメグサ

　その植物が、神奈川県立博物館の高橋秀男氏によって、昭和53年の植物学会に、コケコゴメグサの和名で新種として発表された。

　日本には数千の植物があるが、それらにはすべて名前がつけられており、新しい種類が見つかることは極めて稀なことだ。殊に人跡稀な所の植物ではなく、毎年数万人も通る道の傍らに生えている植物が、新種として発表されることは異例のことである。おそらく昔から気づかれていたが、ミヤマコゴメグサの生育の悪いものとされていたのだろう。

　コゴメグサの仲間はゴマノハグサ科に属し数種類あるが、みな半寄生の1年草と書かれている。どんな植物に寄生するのか私には分からないが、主にコケモモ、ヒメクロマメノキ、チョウノスケソウ、オヤマノエンドウなど小さな植物の中に生えている。しかしほかの草がない道の傍らに、単独に生えているのがあった。

　茎の高さは2～3cmで大変小さいので、地面に目を近づけて見なければ見つからない。高山帯の強風の吹きつける小さな草しか生えない厳しい条件の所に生え、中央アルプスだけに点在している草である。

　コゴメグサの名前の由来は、牧野博士は「小米草は白色の小さな花によってつけられたものである」と書いている。

ハハコヨモギ　　キク科

　極楽平に行くと、コマクサのように細かく切れ込んだ白っぽい葉を密生させ、草丈が5～15cmほどで、茎の先に黄色がかった白色の小さな花をたくさんつけた草がある。これは珍しい草で、ハハコヨモギという。『日本植物誌』には「本州（西駒ヶ岳、北岳）の高山帯に生える。樺太（サハリン）、千島、シベリア、カムチャツカ、アラスカ」と記載されている。

　前述のように、日本では西駒ヶ岳と北岳にしか生育は確認されておらず、西駒ヶ岳では明治の初めごろに発見されている。

　この草は、風の強いやせた砂地に生えて、大きな株になっているものもあり、たく

ましい草のように見えるのだが、なぜか極楽平一帯にしか生えていない。ほかの場所では1株だけ、はるか離れた本岳下の木曽小屋の近くに生えている。おそらくこれは種子が登山者の靴か衣服について運ばれて、ここで発芽して育ったものではなかろうか。

　花期は7月上旬から8月上旬までで、それ以後も花は見られるが、汚くなる。葉には細かい毛が密生しているので白っぽく見える。エーデルワイスやヒメウスユキソウも同じように細毛が生えているが、寒風から身を守るのに役立っているのだろう。

シオガマの仲間　　ゴマノハグサ科

　シオガマの仲間は日本に16種がある。西駒ヶ岳の高山帯にはエゾシオガマ・ヨツバシオガマ・ミヤマシオガマの3種が生えている。なお亜高山帯の樹林下にはセリバシオガマが分布している。

　シオガマという名は、その由来が面白い。この仲間の代表はシオガマギクだが、これは花は美しいのだが、葉も美しいというので（実際は普通の形なのだが）シオガマギクと名づけられた。その心は、砂浜の続く海岸は単調で、美しい風情

ヨツバシオガマ

といったら、ゆらゆらと煙がたなびく塩を作る窯（かま）だけである。「浜で（葉まで）美しいのは塩窯」ということでシオガマと名づけた、ということが伝えられている。

シナノオトギリ　　オトギリソウ科

　オトギリソウ属にはずいぶん多くの種類がある。その中で内地の高山帯に生えるのはシナノオトギリとイワオトギリの2種であり、中央アルプスにはシナノオトギリだけである。シナノオトギリは高山帯から亜高山帯にかけて分布している。

　オトギリソウは日本全土の日の当たる山野に生える多年草である。葉を透かしてみると、微少な黒点が無数に散在していることが分かる。葉をもんで白い紙にすりつけると、赤く血のりのように色づく特性がある。

　平安時代、花山天皇の御代のことだが、鷹狩り（たかがり）の名人として名声の高かった晴頼（はるより）という鷹匠（たかしょう）は、傷ついた自分の鷹の傷をこの草で治療し、その草を一子相伝（いっしそうでん）の秘薬として他人にもらさないでいたそうだ。ところがその弟が、この秘密をライバルの鷹匠の妹にこっそり教えてしまったので、怒り狂った兄は弟を切ってしまったという。その時の血しぶきが葉面について、それが葉にある小はん点になったという伝説がある。「弟切草」とはこの伝説からの名と伝えられる。

　オトギリソウの茎葉を焼酎（しょうちゅう）漬けにした液や、乾燥させたものを煎（せん）じた液は傷薬として、今でも民間では使われている。

チョウノスケソウ　　バラ科

　チョウノスケソウは、人の名前をつけた呼び名であることはすぐに分かる。学名に

はよく発見者などの名前をつけたものが多いが、和名につけられたものはあまりない。日本の植物を調べて学術的に分類し、学名をつけて世界に紹介した外国人で、良く知られた人はシーボルトだが、明治になってロシア人のマキシモビッチが来日して日本の植物を詳しく調べている。このマキシモビッチに協力して、多くの植物を採集して送っていた、岩手県出身の須川長之助がこの草を発見したもので、マキシモビッチは彼の尽力に感謝してチョウノスケソウと名づけた。

　チョウノスケソウは比較的珍しい草で、その分布について『日本植物誌』には「北海道、本州（中部）の高山帯、草地に稀に産し、カムチャツカ、ウスリー、朝鮮北部、樺太（からふと）に分布」と書かれている。

　チョウノスケソウは小さな植物で、地に伏して茎は広がって、一見草のように見えるが樹木である。葉は長さ2cmくらいで脈が深くくぼむ。花は直径が2～3cm、花弁は8～9枚で葉より大きな白色の花が咲くので可愛らしく、いかにも高山植物らしい姿である。花後はチングルマのように種子の先に2cmくらいの白い長い毛がつく。朝露にぬれて朝日にキラキラ輝く姿は美しいものであるし、乾いて白い毛を風になびかせているのも風情のあるものだ。

チシマアマナ　　ユリ科

　7月上中旬に八丁坂を登っていくと、もう少しで尾根に出る所の右手の岩場に、いろいろな花が見られる。その中にチシマアマナが生えている。この草は小さくて弱いので、ほかの草が繁る所では生存競争に勝てないため、ほかの草が入り込めない岩場の、わずかなすき間などに追いやられて、そこだけにしか生きる場がないかわいそうな草なのだと思う。

　たった2枚の糸のように細い葉があるだけで、少ししか光合成によるデンプンの生産ができないのに、厳しい気象条件で、しかも岩場のやせ地で、どうして生きられるのか不思議に思う。地下には茎の基が、アサツキのように少し肥大して（この部分を鱗茎（りんけい）と呼ぶ）、夏に生産した養分を来春の葉を伸ばすために蓄えて冬を越す。

　アマナと呼ぶ草は2種類ある。1つはユリ科の植物でアマナ属である。この草は以前は、チューリップ属になっていて、『牧野新日本植物図鑑』には学名の属名がTulipa（チューリッパ）となっている。この草は全国的に、開発で急速に減って、環境省より絶滅危惧種に指定されている。鱗茎が食用になり、わずかに甘みがあるのでアマナといわれる。アマナ属とは少し違うが、アマナに似ているのでチシマアマナと名づけられた。

もう1つはヤブカンゾウやノカンゾウの若芽のことで、植物図鑑には書いてない。地方名であるが、全国の各地で使われているらしい。若芽はほのかに甘みがあり、歯ざわりがよくておいしい。

ナナカマドの仲間　　バラ科
　ナナカマド属には6種類がある。そのうちで高山帯に生えるのはウラジロナナカマド・タカネナナカマドの2種である。亜高山帯にはナナカマドが生え、ロープウェーから見ることができる。
　秋の高山を写した写真に、ウラジロナナカマドが真っ赤に紅葉した風景があり、ポスターなどに使われている。そうした景色を写したいと思って、9月中旬に西駒ヶ岳を訪れる人が大変多いのだが、ポスターのような風景は数年に一度しか見ることはできない。夏の気候が不順で真っ赤に紅葉しなかったり、紅葉する前に霜がきて、褐色に変わってしまったり、落葉してしまう年が多い。
　ナナカマドの名前は、この種は大変燃えにくく、7回窯(かま)の火の中に入れてようやく燃える、ということから名づけたという。このとこを確かめてみた人がいて、燃焼試験をしてみた結果は、確かにほかの樹木より少し燃えにくかったとテレビで報じていた。別の説もあり、炭を焼く時に、この木は燃えにくいので7日間炭窯に入れておく必要があるから、「ナノカカマド」が「ナナカマド」になったのだという。

ハイマツ　　マツ科
　ハイマツは大抵の高山帯には生えている植物である。アカマツと違って枝は横に伸びている。ハイマツを実生から育てて鉢植えにしたのを見たことがある。盆栽のように手を加えたものではないが、やはり枝は横に伸びていた。だからこの形態はダケカンバのように雪によって伏せられたものではなく、本来の性質だと思う。
　ハイマツの枝は横に伸びて、地に接したところから発根する。こうして広がっていくので、どれだけの範囲が1本の樹木なのか分からない。高山の肥料の少ないやせ地で、厳しい気象条件の所では生育は極めて遅い。小指の太さの枯れ枝の年輪を顕微鏡で調べてみたことがあったが、およそ50年であった。
　アカマツは実ってマツカサが乾くと、翼のついた種子が飛散して広い範囲に落ちて発芽するので、実生苗がたくさん発生する。しかしハイマツの実生は稀にしか見つからない。ハイマツの種子をまき散らすのはダケガラス（ホシガラス）である。ダケガラスはマツカサをくわえてきて、見晴らしのきく岩の上などで中から種子をついばんで出して食べる。この時こぼれ落ちた種子が、たまたま砂に埋まったりして発芽することがある。
　ハイマツを見て皆が気づくことは、葉が茶色に変色した部分があちこちに見られることだ。この現象はロープウェーができた昭和43年には発生していた。この状態では葉が枯れるのが広まって、最悪の場合は、ハイマツが全滅するのではないかと心配した。そのころよりは葉枯れ現象は広まっているが、当初心配したほどではない。その

原因については、次のような理由が報告されているが、定説はない。
 (1) 昭和45年ころ、営林署職員から病気によるものだ、と聞いた。
 (2) 自動車の排気ガスなどにより、空気が汚染されて、特にディーゼルエンジンから出るベンツピレンが、ハイマツの気孔（葉が空気を取り入れるための孔）をつまらせて、呼吸できなくなって枯れる。マツ科の気孔はほかの植物と違って陥没した形になっているので、汚染物質が入りやすい。またマツの表皮にはワックスが出ていて、ダイオキシンやベンツピレンがつきやすい。
 (3) 工場や自動車の排ガスなどから出される物質により、強い濃度の酸性雨や酸性霧が吹きつけ、その影響で葉が枯れる。特に冬は雪となり、それが昇華（固体から蒸発する現象）して濃縮されて、より強い酸性になる。

タカネザクラ（ミネザクラ）　　バラ科

　日本には野生のサクラの仲間（バラ科サクラ属サクラ亜属）は、エドヒガン・ヤマザクラ・オオヤマザクラなど基本種では10種類がある。その中で高山帯まで進出しているのはタカネザクラだけである。

　タカネザクラはほかのサクラの仲間より葉が小さく、長さ4.5〜8cm（ソメイヨシノは8〜10cm）、花もやや小さい。花の色は淡紅色。ヤマザクラやオオヤマザクラのように、赤褐色の若葉が伸び始めてから開花する。

　この地方では、およそ海抜1,400m以上に分布し、亜高山帯では10mほどにまで成長する。高山帯に生えるのは少なく、ここではあまり大きくはなれない。千畳敷では1m以下である。

　千畳敷に生えている場所は、剣ヶ池からホテルへ登る道を左側を注意して見てくると、枝を横に伸ばした木が1本ある。さらに少し登ってやや平らな所に出る少し手前で、右側にも1本生えている。ここは宝剣岳を背景にしてよい眺めである。花の咲くのは6月下旬〜7月上旬だか、花が遅い年は中旬にも見られることがある。8月下旬には実は黒くなる。

　北アルプスや南アルプスなどにも生えているが、一般の人々が訪れることのできる山で、日本で最後にサクラの花見ができる唯一の場所が千畳敷である。

索　引

ア

アオノツガザクラ…………………17
アシボソアカバナ…………………52
アラシグサ…………………………63
イブキトラノオ……………………35
イワウメ……………………………12
イワツメクサ………………………30
イワノガリヤス……………………66
イワヒゲ……………………………12
イワベンケイ………………………44
ウサギギク…………………………49
ウメバチソウ………………………31
ウラシマツツジ……………………14
ウラジロナナカマド……… 22・100
エゾシオガマ………………………50
エンレイソウ………………………62
オオシラビソ………………………25
オオバショリマ……………………67
オオバスノキ………………………20
オオバタケシマラン………………41
オオヒョウタンボク………………21
オヤマノエンドウ…………………56
オヤマリンドウ……………………57
オンタデ……………………………39

カ

カイタカラコウ……………………49
カラクサイノデ……………………67
カラマツソウ………………………38
ガンコウラン………………………17
キソアザミ…………………………60
キタザワブシ………………………59
キバナシャクナゲ…………………19
キバナノコマノツメ………………43
クモマスズメノヒエ………………66
クモマスミレ………………………43
クルマユリ…………………………55
クロウスゴ…………………………21
クロクモソウ………………………61

クロツリバナ………………………68
クロトウヒレン……………………58
クロユリ……………………… 62・95
コイワカガミ………………………51
コガネイチゴ………………………27
コケコゴメグサ……………… 26・97
コケモモ……………………………13
コシジバイケイソウ………………69
コスギラン…………………………67
コバイケイソウ……………………41
コマウスユキソウ…………………26
コマガタケスグリ…………………68
コマクサ……………………… 51・96
コミヤマカタバミ…………………68
コメバツガザクラ…………………13
ゴゼンタチバナ……………………28

サ

サクライウズ………………………59
サンカヨウ…………………………40
シシウド……………………………69
シナノオトギリ……………… 44・98
シナノキンバイ……………………47
シナノヒメクワガタ………………58
ショウジョウスゲ…………………66
ショウジョウバカマ………………55
シラタマノキ………………………18
シラビソ……………………………25

タ

タカネイワヤナギ…………………68
タカネグンナイフウロ……………59
タカネザクラ………………… 23・101
タカネスイバ………………………64
タカネスギカズラ…………………67
タカネスズメノヒエ………………66
タカネスミレ………………………43
タカネツメクサ……………………30
タカネナナカマド…………………100
タカネニガナ………………………42

タカネヒカゲノカズラ	67
タカネヨモギ	64
タテヤマキンバイ	45
ダケカンバ	24
チシマアマナ	34・99
チシマギキョウ	56
チョウノスケソウ	15・98
チングルマ	15
ツガザクラ	16
ツマトリソウ	29
トウヤクリンドウ	42

ナ

ニッコウキスゲ	50
ネバリノギラン	61

ハ

ハイマツ	24・100
ハクサンイチゲ	34
ハクサンシャクナゲ	19
ハクサンチドリ	69
ハクサンフウロ	53
ハクサンボウフウ	36
ハクセンナズナ	69
ハナヒリノキ	68
ハハコヨモギ	27・97
バイケイソウ	65
ヒメアカバナ	52
ヒメイチゲ	29
ヒメイワショウブ	33
ヒメウスユキソウ	26・93
ヒメクロマメノキ	14
ヒメクワガタ	58
ヒメタケシマラン	63
ヒロハユキザサ	65

マ

マイヅルソウ	33
ミソガワソウ	60
ミツバオウレン	28
ミドリユキザサ	65
ミネウスユキソウ	69
ミネザクラ	23
ミネズオウ	16
ミヤマアカバナ	53
ミヤマアキノキリンソウ	48
ミヤマアケボノソウ	69
ミヤマアシボソスゲ	66
ミヤマアワガエリ	66
ミヤマイ	66
ミヤマウイキョウ	36
ミヤマガラシ	45
ミヤマキンバイ	46
ミヤマキンポウゲ	47
ミヤマクロスゲ	66
ミヤマコウゾリナ	48
ミヤマシオガマ	54
ミヤマセンキュウ	37
ミヤマゼンコ	37
ミヤマタネツケバナ	31
ミヤマダイコンソウ	46
ミヤマダイモンジソウ	68
ミヤマハタザオ	32
ミヤマハンノキ	23
ミヤマホツツジ	18
ミヤマメシダ	67
ミヤマヤナギ	20
ミヤマリンドウ	57
ムカゴトラノオ	35
モミジカラマツ	38

ヤ

ヤマガラシ	45
ヤマハタザオ	32
ヤマハハコ	40
ヤマブキショウマ	39
ヨツバシオガマ	54

駒ヶ岳に分布する高山植物の種類
　本書に掲載した植物の種類は134種である。しかし下記の植物は、分布しているが、次の理由で掲載しなかった。これらの植物は30種で、これを加えると164種である。

道からは観察できないもの。
チョウジコメツツジ、ジムカデ、キオン、イワギキョウ、ミヤマシャジン
極めて稀で容易には見つからない。
コツガザクラ、クモマナズナ、クモマニガナ、チシマゼキショウ、ミヤマチドリ
カヤツリグサ科、イネ科、シダで一般の人には関心がない。
コハリスゲ、ヒメスゲ、キンスゲ、イトキンスゲ、タカネヤガミスゲ、オノエスゲ、ミヤマヌカボ、ミヤマコウボウ、ミヤマウシノケグサ、ヒゲノガリヤス、ヒナガリヤス、タカネノガリヤス、コメススキ、ヒロハノコメススキ、ミヤマドジョウツナギ、ハクサンイチゴツナギ、ミヤマヒカゲノカズラ、ミヤマウラボシ、ミヤマワラビ、オクヤマワラビ

林　芳人
大正15年　長野県上伊那郡中川村生まれ
山梨工業専門学校金属工業科卒業
中学校、工業高等学校の教職歴41年
昭和50年より駒ヶ根市立博物館非常勤学芸員
著書「花かおる西駒ヶ岳（ほおずき書籍）」
共著「山草と野草（主婦の友社）」
住所　長野県駒ヶ根市赤穂1444-16

中央アルプス駒ヶ岳の高山植物

2002年8月31日　第1刷発行
2013年6月1日　第9刷発行

著　者　林　芳人
©2002 by Yoshito Hayashi

発行者　木戸ひろし

発行所　ほおずき書籍株式会社
　　　　〒381-0012　長野市柳原2133-5
　　　　電話（026）244-0235(代)
　　　　web http://www.hoozuki.co.jp/

発売元　株式会社星雲社
　　　　〒112-0012　東京都文京区大塚3-21-10
　　　　電話（03）3947-1021

印　刷　中外印刷株式会社

ISBN978-4-434-02267-8
乱丁・落丁本は発行所までご送付ください。送料小社負担でお取り替えします。
定価はカバーに表示してあります。
本書の、購入者による私的使用以外を目的とする複製・電子複製及び第三者による同行為を固く禁じます。

撮影ポイント付きコースガイド　変型判　各1,350円（本体1,286円＋税）

ビューポイント　上高地
ISBN978-4-434-06502-6　中村至伸／撮影・著

ビューポイント　志賀高原
ISBN978-4-434-18022-4　中村至伸／撮影・著

写真でたどる山と花の旅　白馬三山〈改訂版〉
ISBN978-4-434-03320-9　中村至伸／撮影・著

写真でたどる山と花の旅　中央アルプス〈改訂版〉
ISBN978-4-434-06206-3　中村至伸／撮影・著

写真でたどる山と花の旅　草津・白根山
ISBN978-4-434-06126-4　山口昭夫／撮影・著　湯田六男／著

オールカラー植物図鑑

山麓トレッキング花ガイド
ISBN978-4-434-00414-8
中村至伸／撮影・著
A6変型判　1,050円（本体1,000円＋税）
これだけは覚えておきたい150種

北アルプス花ガイド
ISBN978-4-7952-8629-0
中村至伸／撮影・著
A6変型判　1,050円（本体1,000円＋税）
高山植物の基本147種

自然の息づかいを実感できる写真集　ほおずきフォトブック

山河光彩Ⅰ　上高地
ISBN978-4-7952-8616-0
中村至伸／撮影・著　変型判　1,350円（1,286円＋税）

小川秀一写真集　戸隠
ISBN978-4-7952-2046-1
小川秀一／撮影・著　変型判　1,365円（1,300円＋税）

山河光彩Ⅱ　中央アルプス
ISBN978-4-7952-8649-8
中村至伸／撮影・著　変型判　1,350円（1,286円＋税）

山河光彩Ⅲ　南アルプス
ISBN978-4-434-01730-8
藤瀬親実／撮影・著　変型判　1,365円（1,300円＋税）

九州花百景Ⅱ
ISBN978-4-434-05093-0
梅野秀和／撮影・著　変型判　1,500円（1,429円＋税）

知りたい花がすぐに見つかる!!　ポケットサイズの花図鑑　ほおずきビジターガイドブックシリーズ

新書判　各1,050円（本体1,000円＋税）　※は1,000円（本体952円＋税）

花かおる妙高高原
ISBN978-4-434-03256-1

花かおる剣山
ISBN978-4-434-01858-9

花かおる早池峰
ISBN978-4-434-02278-4

花かおる月山
ISBN978-4-434-03252-3

花かおる苗場山
ISBN978-4-434-03495-4

花かおる上高地
ISBN978-4-434-03434-3

花かおる栂池自然園
ISBN978-4-434-03503-6

花かおる飯豊連峰
ISBN978-4-434-04355-0

花かおる越後三山
ISBN978-4-434-04221-8

花かおる和賀岳・真昼岳
ISBN978-4-434-04220-1

花かおるビーナスライン
ISBN978-4-434-04638-4

花かおる志賀高原
ISBN978-4-434-04773-2

花かおる乗鞍岳
ISBN978-4-434-05951-3

花かおる草津・白根山
ISBN978-4-434-06125-7

花かおる六甲山
ISBN978-4-434-07532-2

花かおる蓼科山・御泉水自然園
ISBN978-4-434-07412-7

花かおる戸隠高原
ISBN978-4-434-07881-1

花かおる西駒ヶ岳
ISBN978-4-434-08333-4

花かおる仙丈ヶ岳・東駒ヶ岳
ISBN978-4-434-08099-9

花かおる湯の丸・高峰高原
ISBN978-4-434-07549-0

花かおる信州須坂峰の原高原※
ISBN978-4-434-08167-5

花かおる八ヶ岳
ISBN978-4-434-10779-5

花かおる八方尾根
ISBN978-4-434-10297-4

花かおる櫛形山
ISBN978-4-434-10473-2

宝剣岳	桧尾岳	空木岳	南駒ヶ岳	熊沢岳
2,931m	2,727m	2,854m	2,841m	2,778m

駒ヶ岳から見える南の山々

鋸岳	駒ヶ岳	仙丈ヶ岳	北岳	間ノ岳	農鳥岳
2,685m	2,966m	3,033m	3,192m	3,189m	3,050m

千畳敷より見える南アルプス